JN206224

The textbook of YouTube
Search Engine Optimization

広報PR・
マーケッター
のための

YouTube 動画SEO

最強の教科書

木村 健人 著

秀和システム

はじめに

　本書は、企業や自治体で広報宣伝やマーケティングを担当する方や、新たな集客方法を検討している事業主の方に向けて、圧倒的なユーザー数を誇る動画共有プラットフォームである『YouTube』を利用した、動画による商品・サービスのプロモーションやマーケティングの手法を解説します。

　5G導入計画などを背景に、いま多くの企業や自治体が動画を使ったプロモーション活動に力を入れ始めています。動画によるプロモーションと聞くと、YouTubeなどで動画を視聴しているときに突然再生されるコマーシャルのような「動画広告」を連想されるかもしれません。

　しかし本書で扱うのは、そのような広告費を使った動画広告ではありません。商品の使い方や開発秘話など、5〜10分などある程度の長さを持った、ターゲットユーザーに自ら視聴してもらう「コンテンツとして制作した動画」です。

　コンテンツとして制作した商品プロモーションの動画としてイメージしやすいものに「レビュー動画」があります。「YouTubeクリエイター」と呼ばれる人たちなどが、商品を実際に使って感想を伝える動画です。現在では、多くのユーザーがレビュー動画を見て商品を購入しています。

　レビュー動画などでは、企業が制作した動画の方が圧倒的にクオリティが高いにも関わらず、YouTubeクリエイターの動画の方が視聴されていることが多くあります。なぜでしょうか。視聴回数が伸びない動画の大半は、そもそもユーザーに表示されていないことに原因があります。

　普段、YouTubeを視聴していて、「関連動画」を続けて見てしまったという経験はありませんか。継続して視聴するうちに、それまで全く知らなかった動画を視聴していたということも珍しくないはずです。

　実はこうしたユーザー体験に、YouTubeは非常に力を入れています。動画同士の関連性と視聴傾向から、そのユーザーに視聴される可能性が高い動画を「関連動画」や「トップページ」に表示しているのです。

このことは、自分の動画が類似する他の動画を介して視聴される可能性があることを意味します。Googleなどの検索エンジンでは、ユーザーがキーワードを入力して検索しない限り、webサイトなどのコンテンツが閲覧されることは困難です。しかしYouTubeでは、公開されている膨大な数の動画のうち、自分の動画と関連性のある動画を視聴しているすべてのユーザーに視聴される可能性があるのです。

　この仕組みを利用することにより、企業や自治体はこれまでリーチが困難だったユーザーへアプローチすることができます。これが企業や自治体がYouTubeを活用すべき最も大きな理由です。

　では、どうすれば自分の動画がユーザーに表示されやすくなるのでしょうか？カギを握るのは、「アルゴリズム」と呼ばれるYouTubeが動画を表示する仕組みです。この仕組みを知り、自分の動画を最適化することで、潜在的なターゲットユーザーに自分の動画を表示させやすくすることができるようになります。

　本書では、動画をターゲットユーザーに視聴してもらうための動画の構成やデータ設定、視聴データの分析、それに基づく新たな動画の制作方法などを、YouTubeを初めて利用する方にもわかりやすく解説しました。事業規模を問わず誰でも行うことができますので、ぜひ取り組んでみてください。

　本書が企業や自治体の広報宣伝およびマーケティングを担当されている方々にとって、YouTubeを活用する際の一助になれば、それに勝る喜びはありません。

2019年12月　木村　健人

Chapter 3 ▶ YouTube 動画 SEO
──再生数アップのカギを握るアルゴリズムの仕組み

Chapter 4 ▶ 企業のチャンネル運用
──ブランド認知と販売促進のための顧客誘導

Chapter 5 ▶ YouTubeの市場調査
──どんな動画を制作すべきか先例からヒントを得る

Chapter 6 ▶ YouTubeに特化した動画の構成方法
──ユーザーとアルゴリズムに好かれる動画制作

Chapter 7 ▶ 動画のデータ設定
──文字を変えるだけで劇的に増加する再生数

Chapter 8 ▶ YouTube アナリティクス
──マーケット分析に役立つ視聴データの見方

▶Chapter **1**

企業がYouTubeを
活用するメリット

──潜在的なターゲットユーザーにリーチできる

　毎月19億人のユーザーが利用し、1日の視聴時間が合計10億時間を超えるYouTube。大手から中小まで多くの企業がYouTubeチャンネルを開設し、動画によるプロモーション活動に取り組んでいます。

　YouTubeの活用は、企業にとってなぜ重要なのでしょうか。どのような効果やメリットがあるのでしょうか。本章ではプラットフォームとしてのYouTubeの特徴と、企業が活用するメリットについて説明します。

年々増加する
動画視聴ユーザー

- これまで映像を視聴するには、時と場所が限られていた
- 通信環境の整備に伴って、動画の視聴がより身近になった
- 動画共有サービスの利用者は、全年齢平均74.5%

▶ 生活の一部となった動画の存在

映像（**動画**）というメディアは従来、決められた時間に、定められた場所で見るものでした。映画を鑑賞するときは上映時間に合わせて映画館へ行く必要があり、テレビ放送を視聴するときは番組の開始時間に合わせてテレビの前にいる必要がありました。映像は視聴中に停止できず、提供されるものを一方的に受け取る仕組みでした。この仕組みはもちろん今も存在しています。

しかしインターネットの登場により、別の方法で動画に触れる手段が生まれました。スマートフォンの誕生や通信速度の向上によって、インターネットによる動画の視聴環境は目ざましく良くなってきています。私たちは現在、場所を選ばず、好きな時間に、見たい動画を、好きなシーンから視聴することができます。動画を視聴するという行為は、もはや生活の一部になっているといえるのではないでしょうか。

▶ 動画視聴者の増加

動画を視聴する人は、年々増加傾向にあります。主な要因はインターネットによる**動画共有サービス**です。動画共有サービスとは、インターネット上で動画を自由に投稿と閲覧ができるサービスで、世界各国で提供および運用がされています。数ある動画共有サービスの中でも、突出して利用者数の多いプラットフォームが**YouTube**です。YouTubeの利用者数は、今なお増加しています。

平成28年度版の情報通信白書によると、YouTubeなど動画共有サービスの利用者は、20歳代が88.5%と最も高くなっています。年齢が高くなるにつれて減少するものの、60歳代でも57%と半数以上が利用しており、「今後も利用したい」と答えていると報告されています。しかし利用者が多いとはいえ、課題が全くないわけではありません。ソーシャルメディアや動画配信・共有サイトの信頼度はいずれも11%と低く、理由として「発信者がさまざまであるため信頼度が低いと考えられる」とされています。

インターネット動画サービスの利用経験と主なメディアの信頼度

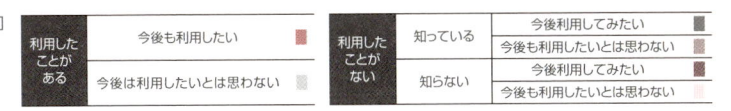

[凡例]

| 利用したことがある | 今後も利用したい |
| | 今後は利用したいとは思わない |

利用したことがない	知っている	今後利用してみたい
		今後も利用したいとは思わない
	知らない	今後利用してみたい
		今後も利用したいとは思わない

●YouTube等の動画共有サービス

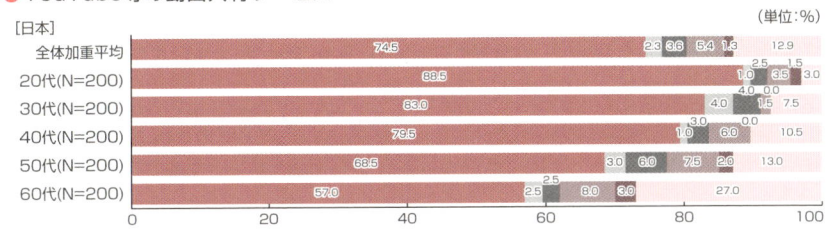

[日本]　(単位:%)

全体加重平均	74.5	2.3	3.6	5.4 1.3	12.9
20代(N=200)	86.5	2.5	1.0	3.5 1.5	3.0
30代(N=200)	83.0	4.0	0.0	1.5	7.5
40代(N=200)	79.5	3.0 1.0	0.0	6.0	10.5
50代(N=200)	68.5	3.0		7.5 2.0	13.0
60代(N=200)	57.0	2.5 8.0	3.0		27.0

●NetFlix, AmazonPrime等の動画配信サービス

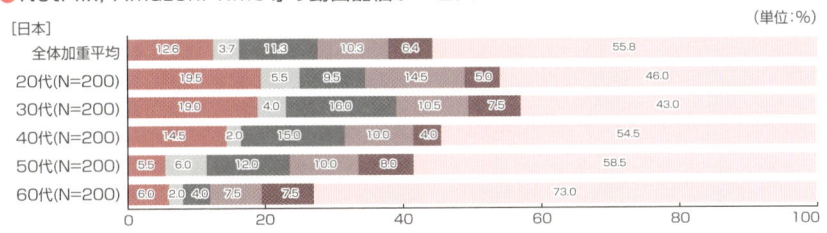

[日本]　(単位:%)

全体加重平均	12.6	3.7	11.3	10.3	6.4	55.8
20代(N=200)	19.5	5.5	9.5	14.5	5.0	46.0
30代(N=200)	19.0	4.0	16.0	10.5	7.5	43.0
40代(N=200)	14.5	2.0	15.0	10.0	4.0	54.5
50代(N=200)	5.5	6.0	12.0	10.0	8.0	58.5
60代(N=200)	6.0 2.0 4.0	7.5	7.5			73.0

●主なメディア(インターネット系メディアの詳細含む)の信頼度

　(単位:%)

[日本]	テレビ	新聞	ニュースサイト	ソーシャルメディア	動画配信・動画共有サイト	ブログ等その他のサイト
全体加重平均	62.1	63.8	45.7	11.0	11.1	8.0
20代(N=200)	58.0	59.0	37.5	17.5	14.5	11.5
30代(N=200)	53.5	57.0	42.5	14.0	13.0	11.5
40代(N=200)	57.5	58.5	41.5	10.0	10.0	8.0
50代(N=200)	67.0	67.0	52.0	7.0	10.5	4.5
60代(N=200)	73.0	76.0	53.5	8.0	8.5	5.5

出典:総務省「平成28年度版　情報通信白書」(平成28年)

代表的な動画共有サービス

サービス名	運営会社 / 所有者	1ヶ月の利用ユーザー数
YouTube	YouTube, LLC Alphabet Inc.	約20億人
Vimeo	InterActiveCorp	約1億7000万人
Dailymotion	Vivendi SA	約3億人
Twitch	Amazon.com, Inc.	約1億4000万人
TikTok	BYTEMOD PTE. LTD. ByteDance	約5億人

競争が激化するYouTube というプラットフォーム

- YouTubeへ動画を公開することは手軽にできる
- YouTubeには1分間あたり約300時間の動画がアップロードされている
- 分単位で視聴機会の獲得競争が激化している

▶ いつでも、誰でも、どこでも動画がアップロードできるYouTube

　YouTubeへ動画を公開すること自体は、**Googleアカウント**さえあれば誰でも手軽にできます。公開する動画を撮影し、YouTube上で公開する動画を選択して「公開」のボタンを選択するだけです。撮影の手順を除けば、「動画を選択して」「公開ボタンを押す」という、わずか2ステップです。

　この手軽さがゆえに、YouTube上にはさまざまな動画が公開されています。家族に見せるために公開された動画や、個人が趣味で公開している動画もあれば、映像のプロフェッショナルが制作した動画もあります。**YouTubeクリエイター**と呼ばれる、YouTube上に動画を公開することを職業とするユーザーも存在します。

▶ 1分で300時間の動画がアップロード

　誰もが手軽に動画を公開できるため、YouTube上に公開される動画の数は膨大になっています。米Omnicore Agencyの調査によると、YouTube上にアップロードされる動画の総時間数は1分間に約300時間とされており、世界中からさまざまな動画がYouTube上に寄せられていることがわかります。ただしYouTube上には、アップロードされた動画がすべて公開されるわけではありません。たとえば暴力的なコンテンツやユーザーを不快にさせるコンテンツなどは自動で排除される仕組みとなっています。そのため、実際にユーザーの目に触れる動画数は、アップロードされている動画の数を下回ると考えられますが、それでも毎分大量の動画が公開されていることに変わりはありません。

　分単位で動画が増えていることは、言い換えると、1本の動画が視聴される機会が減少していることになります。動画の種類や内容は違うといえども、日々膨大な数の動画が公開されている以上、これから公開しようとしている動画にとっては、これらの動画が直接的、間接的な競合になるといえます。

YouTubeに動画を公開する手順

動画をアップロードする画面

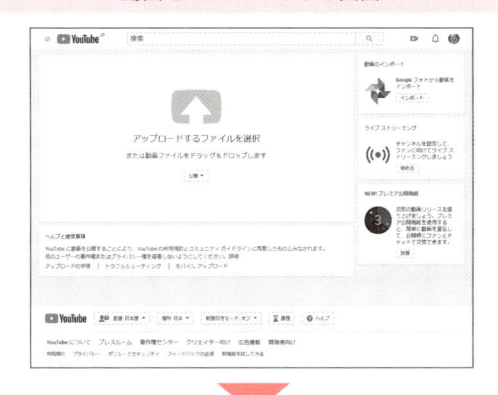

選択した動画をアップロードして『公開』を選択

動画にURLが発行されて視聴ができる

3 YouTubeを活用しはじめている企業

- これまでの広告はテキストと画像が中心
- TrueView動画広告を中心に動画広告が活発化
- 企業はコンテンツとしての動画制作に注力し始めている

▶ インターネットにおけるこれまでのプロモーションはテキストと画像が中心

企業にとって、自社の商品やサービスを消費者に認知してもらうことは、販促活動の最初のステップです。そこで企業はこれまでテレビCMや新聞、雑誌・ラジオなどを活用して宣伝広告を行ってきました。インターネットが普及すると、Web上でも検索エンジンやWebサイトに表示される広告なども行うようになりました。

Web上での広告にはさまざまな種類があります。リスティング広告は、ユーザーの検索キーワードに対してテキストで広告を表示するもので、事業規模に関わらず広く利用されています。ディスプレイ広告は、Webページの中に画像で表示されている広告です。いずれの広告も、Webページが基本的にテキストと画像で構成されていることから、目に触れるものはテキストと画像が主体となります。

▶ 動画によるコンテンツとしての情報伝達

Web上での広告だけでなく、動画による広告を配信する企業も増加しています。YouTubeにはTrueView動画広告と呼ばれる広告配信の仕組みがあります。TrueView動画広告には、「動画による広告」と「画像による広告」の主に2種類があります。動画を視聴する前に自動的に再生されたり、動画を視聴している途中に再生される動画が「動画による広告」です。YouTubeの検索結果画面に表示される画像や、動画を視聴しているときに右上に表示される画像が「画像による広告」です。

動画広告は、ユーザーが視聴している動画に差し込む形となるため、多くのユーザーに対して認知度の向上を期待できます。また期間と予算を決めて配信できるため、短期間で多くのユーザーにプロモーションできます。動画広告はユーザーにとっては、視聴したい動画に差し込む形で広告が再生されるため、受動的な視聴といえます。これに対して、現在企業が取り組み始めているのは、CMではなくコンテンツとして動画を制作し、ユーザーの能動的な視聴を獲得するプロモーション手法です。

リスティング広告の例

ユーザーが
キーワードで検索

広告主の広告が
表示される

ユーザーが広告を
クリックすると、
広告主のWebページ
へ遷移する

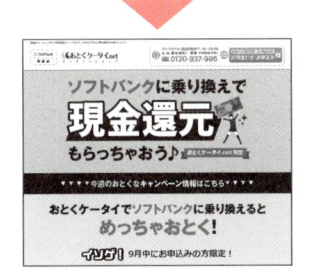

インターネット広告の種類

広告の種類	広告が表示される場所	広告費用	広告の特徴
リスティング広告	GoogleやYahoo!などの検索エンジン	ユーザーがクリックすることで料金が発生	キーワード、地域、年齢など広告を表示するユーザーを細かく設定できる。
ディスプレイ広告	Webサイトやアプリケーション	ユーザーへの表示回数やクリックによって料金が発生	Webサイトのジャンルなどユーザーの興味に絞り込んで広告を表示できる。
SNS広告	TwitterやFacebookなどのSNSプラットフォーム	ユーザーへの表示回数やクリックによって料金が発生	ユーザーからの直接的な反応を得やすい。
ネイティブ広告	Webサイトやアプリケーション	ユーザーへの表示回数やクリックの他、プラットフォームによって異なる	Webサイトやアプリケーションに合わせた仕様で自然に広告を配信できる。

Google と YouTube の 使い方の違い

Chapter 1 / 4

- Google は検索によって情報収集を行う
- YouTube ユーザーは関連動画を見続けている
- YouTube 全体の視聴時間の内、70%はアルゴリズムがおすすめした動画である

▶ GoogleとYouTubeでは使い方が異なる

何かを調べるとき、Googleなどの**検索エンジン**とYouTubeでは、使い方に違いがあります。検索エンジンを用いる場合は、ユーザーは知りたい情報のキーワードを入力して、表示されたWebページの一覧の中から情報を与えてくれそうなサイトを選んで閲覧します。欲しい情報がそのWebページに無ければ、再度Webページの一覧に戻り、別のページを閲覧します。

YouTubeを用いる場合も、まずはキーワードを入力して検索を行います。そして知りたい情報を与えてくれそうな動画を発見したら、クリックして視聴します。ここまでは検索エンジンと同じです。しかしYouTubeの場合では、その動画で求める情報が手に入らなければ、ユーザーは動画の右や下に表示されている動画の一覧から情報を与えてくれそうな動画を選んで視聴を続けます。

▶ ユーザーは似ている動画を見続ける

検索エンジンとYouTubeは、情報を検索する際の出発点はいずれも**キーワード検索**ですが、コンテンツに触れた後の行動が異なります。検索エンジンではWebページの一覧に戻りますが、YouTubeでは視聴中の動画に表示されている別の動画を視聴します。このような別の動画は**関連動画**と呼ばれ、YouTubeによって「現在視聴中の動画と関連性がある」と判断されたものが表示される仕組みになっています。

YouTubeは世界中で1日に約10億時間が視聴されています。米YouTube CPOのNeal Mohan氏は、その視聴時間の70%がYouTubeによっておすすめされた動画(関連動画やトップページに表示される動画)であることをCES 2018で発表しています。YouTubeを利用しているユーザーは知りたい情報について自ら検索はするものの、視聴時間の大半はYouTubeからユーザーにおすすめされた動画なのです。

キーワードで
検索

動画が
一覧で表示

動画を視聴

関連動画を視聴

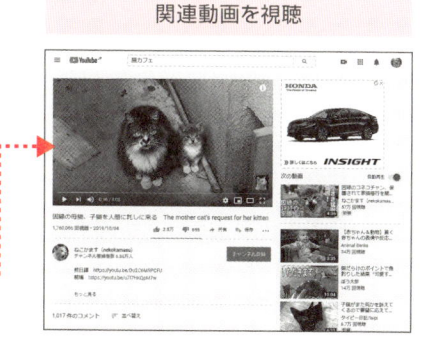

ユーザーは関連動画を中心に
類似する動画を視聴する

YouTubeを使う目的

- **YouTubeはさまざまな生活シーンで利用される**
- **日々の生活リズムの中にYouTubeの視聴が習慣化されることもある**
- **主にエンタテインメント、情報、繋がりが主な視聴動機である**

▶ YouTubeの使われ方は人それぞれ

私たちは普段、テレビ番組を情報収集のためだけに視聴していません。同じように、YouTubeも情報収集だけを目的に利用しているのではありません。自宅でくつろいでいるときに視聴することもあれば、仕事や作業に没頭するための音楽を聞く目的で利用することもあります。知人から送られてきたメッセージに動画が含まれていて、それを視聴することもあります。

このほか、普段の生活の中でYouTubeの動画を視聴する習慣があることも珍しくはありません。たとえば、朝起きたときに目覚めの動画を流したり、寝る前に動画を見る習慣があるユーザーは数多くいるでしょう。好きなYouTubeクリエイターが動画を公開する時間が決まっている場合、その時間はYouTubeを視聴する時間になっている場合もあります。

▶ エンタテインメント、情報収集、人との繋がりが主な使用目的

このようにYouTubeの動画はさまざまなシーンで視聴されていますが、ではユーザーが動画を視聴する動機は何でしょうか。YouTubeは、携帯端末による視聴動機について調査を行ったところ、ユーザーの視聴動機は主に**エンタテインメント**、**情報**、**繋がり**の3種類だったと伝えています。

「エンタテインメント」とは、YouTubeクリエイターの動画を見たり、YouTubeで音楽を聞いたりといったことが挙げられます。「情報」とは、知りたい情報を検索して動画を視聴するといった、学習や情報収集を主体とするものです。「繋がり」とは、家族や友人など第三者から送られてきた動画の視聴です。

YouTubeはユーザーの様々なシーンで利用される

仕事をしている時

家でくつろいでいる時

友人と動画を共有している時

ユーザーはYouTubeを様々な場所やシーンで利用する。場所や時間帯を限定されることなく、視聴される動画は利用シーンによっても変化する。

ユーザーがYouTubeを視聴する時の動機の分類

動機カテゴリ	具体的な動機	動機を分類する時の質問	典型的なキーワード	回答サンプル	カテゴリ内の比率
エンタテインメント	興味を楽しむ	興味のあるものを見て楽しもうとしましたか？	楽しむ、好き、愛する	毎週日曜日はウォーキング・デッドを見て楽しんでいます。	41.70%
	退屈しのぎ	退屈を和らげるために気分を変える必要がありますか？	退屈しのぎ、消費、回覧する	退屈だったから時間つぶしをする方法が必要でした。	27.70%
	幸せに感じる	気を晴らしたり幸せに感じるために気分を変える必要がなりますか？	笑い、良く感じる	二日酔いだったので気を晴らすために笑いたかった。	8.90%
	集中する	仕事に集中したり促進するために気分を変える必要がなりますか？	集中、運動、仕事	音楽は家の掃除に集中するのに役立つ。	6.10%
	リラックスする	リラックスするために気分を変える必要がなりますか？	落ち着かせる、ストレス解消	長い一日だったのでただ落ち着きたかった。	2.80%
	刺激を受ける	興奮させるために気分を変える必要がなりますか？	夢中、興奮、用意	その日のために用意は出来ていたので元気づけが必要だった。	2.20%
	懐かしむ	過去の気分に戻るために気分を変える必要がなりますか？	懐メロ、過去、心地よい	80年代の映画を見て子供の頃を思い出していた。	1.80%
情報	自己啓発	個人的な教育か仕事／学校のために何かを学びますか？	興味、学び、探索	心理学に興味があって学びたかった。	41.80%
	何かをやるための手順を知る	どうやって直す／作る／行うかを知るために手順を探しますか？	DIY、直す、段階的に	プリンターが紙詰まりを起こしたので直す必要があった。	35.80%
	意思決定する	意思決定をしようとしていますか？	予告、レビュー、比較	新しいNexus 5の購入を検討していたのでいくつかレビューを見たかった。	15.30%
	最新情報を得る	ニュースなどの最新情報を探していましたか？	ニュース、新鮮、アップデート	何が起こっているのかが知りたかったのでニュースを見た。	7.10%
繋がり	積極的につながる	あなたが取り組むことについて誰かが必要としていましたか？またはあなたが誰かのために作りましたか？	共有、助け、促進	子どもに教育ビデオを見せたい。	49.10%
	繋がりに反応する	あなたが行うことについて誰かに頼まれたもしくは期待されましたか？	見る、反応する、満たす	友人が動画を送ってきたので見た。	42.20%
	相互に繋がる	あなたと誰かが何かを行うことを必要としましたか？	一緒に、繋がる、両面の	私たちは夜に面白い動画を一緒にみるのが好きです。これが絆を深める時間です。	7.70%

出典:MobileHCI「YouTube Needs: Understanding User's Motivations to Watch Videos on Mobile Devices」(2018)

6 YouTubeが与える購買活動への影響

- 消費者は他者の意見を参考にする
- 68％のYouTubeユーザーが購買決定のためにYouTubeを視聴する
- 動画はテキストや画像と比べてより多くの情報を保持する

▶ モノを買う前に他者の意見を求める

　商品の購入を検討する際、購入した人が身近にいれば、その人に感想を求めることはよくあります。類似の商品が複数ある場合は、比較検討のためにWebを閲覧して、ユーザーが投稿した感想や意見を参考にすることもあります。長く使う商品や高額な商品であればより慎重になり、Web検索を繰り返します。

　Web上にある商品情報は、ユーザーが投稿した文章や画像が一般的です。製造企業がWeb上に公開している商品情報も文章や画像が多いでしょう。商品の購入を検討するユーザーは、すでにその商品を購入した他のユーザーが投稿した感想や企業が公開している商品情報を収集して、購入するかしないかを判断します。しかしユーザーが収集する情報の多くは文章と画像であり、これまでは動画を視聴して商品の購入を判断するということはあまりありませんでした。

▶ YouTubeを見て商品購入の意思決定をする

　YouTube上には、商品に関する感想や使用感をユーザーに伝える動画が数多く公開されています。これらは**レビュー動画**と呼ばれ、動画内で実際に商品を使って、その使用感をユーザーに届けています。レビュー動画が求められる傾向は高まっており、GoogleはYouTubeに関する統計情報の中で、「68％のYouTubeユーザーが購買決定の参考のためにYouTubeを視聴する」と発表しています。

　Web上ではこれまで文章と画像が主な情報伝達の手段でしたが、動画の登場により、ユーザーは商品の使用感や使用の様子をよりイメージしやすくなりました。動画は文字と映像のほかに、音声も伝えることができます。さらに、動画には長さがあり時間軸を表現できるため、どのぐらい時間がかかるかについても伝えることができます。動画は文章や画像よりも多くの情報を伝達することができ、ユーザー側もそれを受け取ることができるため、動画を視聴する傾向が強まっていると考えられます。

ユーザーは商品を購入するために動画を視聴する

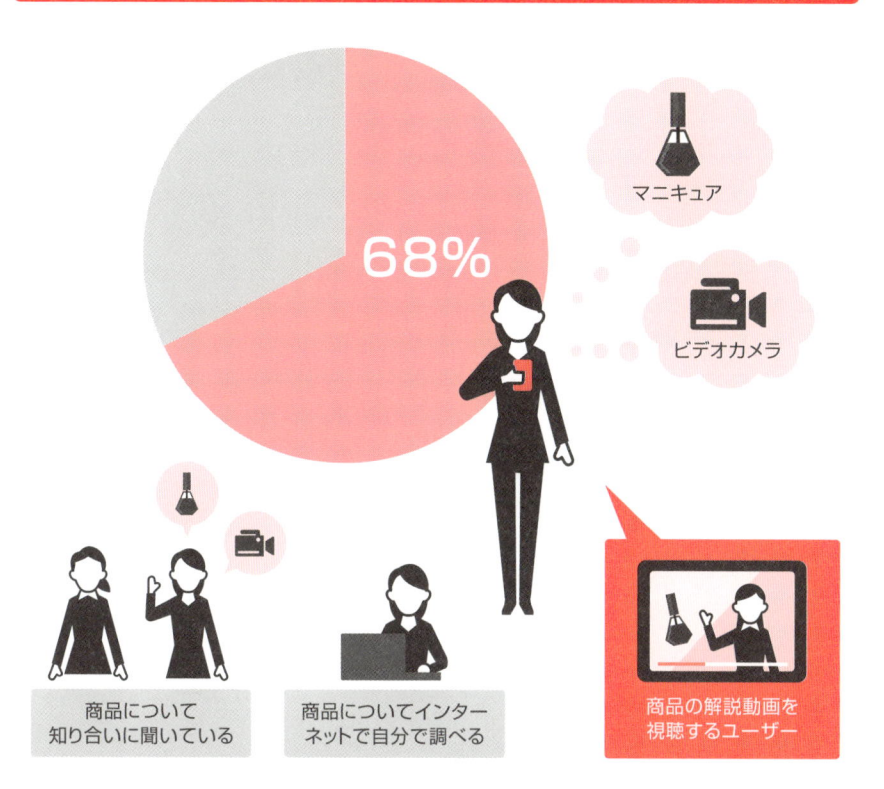

68%

マニキュア

ビデオカメラ

商品について
知り合いに聞いている

商品についてインター
ネットで自分で調べる

商品の解説動画を
視聴するユーザー

ユーザーは商品やサービスについて検討する時、他者の
レビューや使っている様子などを動画で視聴することで
意思決定を行っている。

68%のYouTubeユーザーが購買決定の参考のためにYouTubeを視聴する

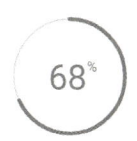 68%

of YouTube users watched YouTube to
help make a purchase decision.

Google/Ipsos Connect, U.S., YouTube Cross Screen Survey (n=1,186 U.S. consumers 18–54 who watch
YouTube at least once a month), July 2016.

7 YouTubeの特徴と面白さ

- **Web**サイトは独立したコンテンツとして存在する
- **YouTube**動画は情報の関連性によってユーザーを相互に送り合う
- **YouTube**は関連動画のアルゴリズム開発に力を入れている

▶ コンテンツ同士の関連性から生まれるユーザーの利便性

インターネットによる情報収集の方法はこれまで、能動的にキーワードを入力することで、検索エンジンが無数に存在するWebページの中から関連性の高いものを表示し、その中から見たいWebページを閲覧するというものでした。1つのWebサイトの中で、各Webページ間でユーザーを送り合うことはあっても、異なるWebサイトへ誘導するということはあまりありません。Webサイトはそれぞれがコンテンツとして完全に独立しているといえます。

一方YouTubeでは、関連性の高い動画同士が、相互にユーザーを送り合うことが可能です。ユーザーには視聴している動画と類似する別の動画が常に用意されており、視聴中の動画に飽きてしまったり、これ以上視聴する必要がないと感じたときは、すぐに別の動画を視聴することができます。つまり、他者の動画に類似動画の候補として表示されれば、あなたの動画が視聴される可能性があり、その可能性は類似する動画の数が多いほど高まるということです。

▶ YouTubeが力を入れている開発

動画の視聴中、画面に表示されている関連動画の中から、似たような動画を探した経験のある方は少なくないでしょう。YouTubeは、ユーザーの興味がありそうな動画を選別して表示しています。このような選別の仕組みを**アルゴリズム**といいます。

2019年初頭にYouTubeは公式ブログで、関連動画のアルゴリズムの変更を前年から継続して今年も行うと発表しました。その背景には、アルゴリズムが単に視聴回数を獲得することだけを目的とした動画を、多くのユーザーにおすすめしてしまったことがあります。

またYouTubeは、有害な動画や誤解を招く動画は、おすすめの候補から減少させると発表しています。たとえば、金銭に関わる内容を動画内でうたい、Webページへ

誘導する動画などが挙げられます。ユーザーに不利益となる動画の表示回数が減少することは、利便性が上がるだけでなく、これからYouTube上でプロモーションを行う企業にとっても有益な変更です。

WebサイトとYouTubeの違い

● Webの場合

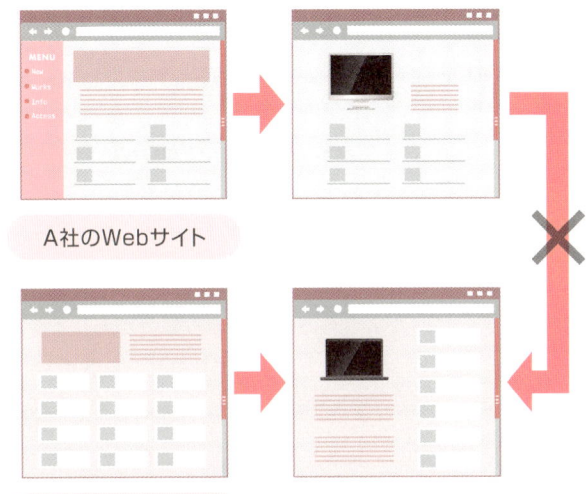

A社のWebサイト

B社のWebサイト

A社のWebサイトの中に、競合他社であるB社のWebサイトへリンクする画像などは、A社が意図的に設置しない限り、勝手に表示されることはない。

● YouTubeの場合

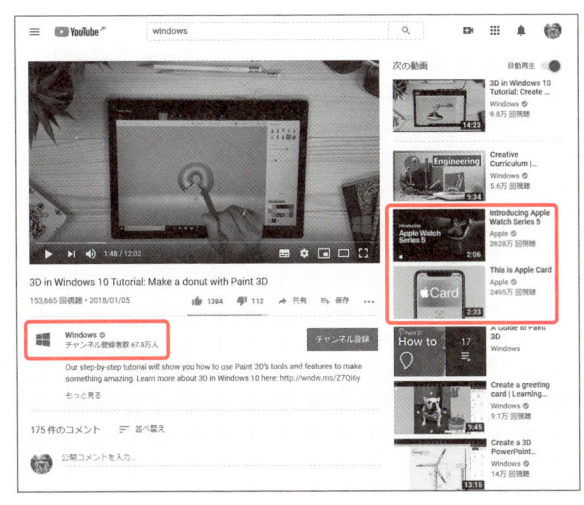

YouTubeは、Windowsの動画を見ているユーザーに、Appleの動画をオススメすることがある。『パソコン』という共通の情報を互いに持つため、Windowsの動画を見ているユーザーにAppleの動画が表示される。

企業の「公式チャンネル」とは何か

● YouTubeチャンネルとは放送局と同じ
● 企業の公式チャンネルは公式Webサイトと同じ価値を持つ
● 公式チャンネルに注目が集まることでファン層の拡大につながる

▶ YouTubeチャンネルとは何か

　YouTubeに動画をアップロードする時、必ず求められるのが**YouTubeチャンネル**です。「チャンネル」という言葉から具体的にどのようなものなのかイメージがしづらいかもしれませんが、テレビに置き換えると放送局と同じです。テレビは周波数によってテレビ局が割り振られています。テレビの場合は「リモコン」があるため、リモコンの1を押すとどのテレビ局がテレビに表示されるのか定める必要があります。そのため、周波数に対してテレビ局が割り振られており、同時にリモコンの各番号に対しても周波数が割り当てられることで、リモコンの1チャンネルを押すとNHK総合が表示されます。

　YouTubeでは周波数にあたるものが**チャンネルURL**です。チャンネルURLはYouTube上で自分のチャンネルを作った時に自動で割り当てられます。このURLに対してチャンネル名を自分で決めることが出来ます。チャンネル名はテレビ局の名前と同じ意味合いを持ちます。YouTubeとテレビの大きな違いはリモコンがないことです。リモコンがないYouTubeにおいて、特定のチャンネルを表示させるためにはURLを直接入力することが必要です。これはテレビに置き換えると周波数を直接入力することと同じです。よく耳にする「チャンネル登録を宜しくお願いします」というのは、大まかに言い換えれば「あなたのリモコンの1チャンネルに、私の放送局を割り当ててください」ということと似ています。

▶ 企業の公式チャンネルの役割

　YouTubeチャンネル自体は、チャンネルを作ったユーザーによって何か差が生じることはありません。しかし一般ユーザーが単にチャンネルを作ることと、企業が公式チャンネルを作り動画を公開することの意味は大きく変わります。企業が動画を公開することは、公式サイトで情報を公開することと同等の価値を持ちます。そのため、

企業の公式YouTubeチャンネルは公式サイトと同じ役割を担うことになります。

　しかしWebサイトと動画ではユーザーに対するコミュニケーションのとり方が異なります。Webサイトはテキストと画像が主体のため、発信者を特定する必要はなく、企業として情報発信しているとユーザーに捉えられます。しかし動画では誰かが出演し、その出演者が発信した情報であるとユーザーには捉えられます。この特徴を適切に使うことで、企業や商品の特徴をユーザーに訴求する時に他社との差別化に繋げることもできます。数本の動画がきっかけとなり、企業の公式チャンネルにユーザーの注目が集まれば、企業やブランドのファン層を拡大することにも繋がるでしょう。

YouTubeのチャンネルURL

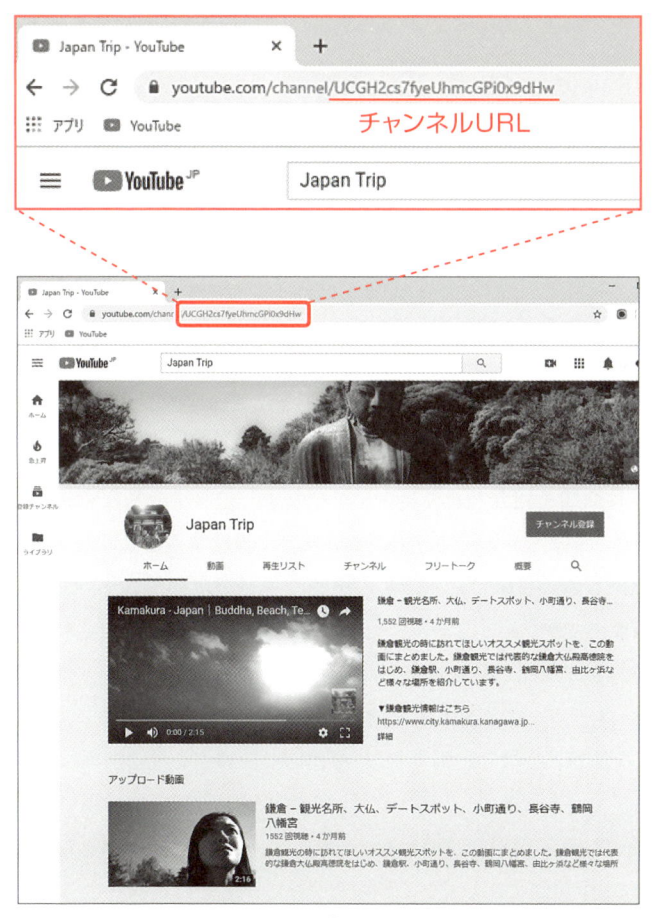

YouTubeチャンネルを作成すると「チャンネルURL」が発行される。

YouTubeアルゴリズム最適化で得られる企業的メリット

- ● 自分で検索しようと思わなかった動画をアルゴリズムはおすすめする
- ● アルゴリズム最適化は潜在顧客にアプローチするための手段
- ● ユーザーは企業発信の製品情報を確認する

▶ アルゴリズムがユーザーにオススメしてくれる確率を高める

　YouTubeで関連動画を視聴し続けているうちに、これまで全く知らなかった動画やチャンネルを発見することがよくあります。そうした動画やチャンネルの中には、自分では検索するという発想がなかったものも多々あります。しかし視聴してみると、自分の趣向と合致しており、続けて視聴したいと思う動画です。

　このような経験は偶然のように感じられますが、実はこうした動画をユーザーにすすめているのはYouTubeのアルゴリズムです。**YouTubeアルゴリズム最適化**とは、アルゴリズムがあなたの動画を多くのユーザーにおすすめしてくれるよう、アルゴリズムに対して動画を最適化することをいいます。最適化することによって「動画を視聴する可能性はあるが、検索をしない」という潜在的なターゲットユーザーに対してアプローチすることができます。

▶ レビュー動画などの関連動画からユーザーにアプローチする

　企業が自社商品を紹介したり良さをアピールしたりする動画を制作しても、ユーザーはよほどの必要性を感じない限りは、熱心に視聴するとは考えづらいです。ユーザーは一般消費者の目線による商品の感想や意見を求めており、そうした動画が**レビュー動画**なのです。レビュー動画はYouTube上で数多く公開されており、多くのYouTubeクリエイターが取り組んでいます。

　とはいえ、ユーザーは企業の製品情報を全く見ないわけではありません。製品についての公式な情報はやはり必要ですし、専門的な知識が必要な情報は専門家が解説を行う方が説得力があります。レビュー動画などの商品と関連性の高い動画を視聴しているユーザーは、購買意思が高いと考えられます。そのような動画を視聴しているユーザーに対して、企業が公開している動画を関連動画として表示させやすくすることで、検索とは異なる手法でターゲットユーザーへアプローチできる確率が高まります。

アルゴリズム最適化のイメージ

動画に含まれるタグの最適化

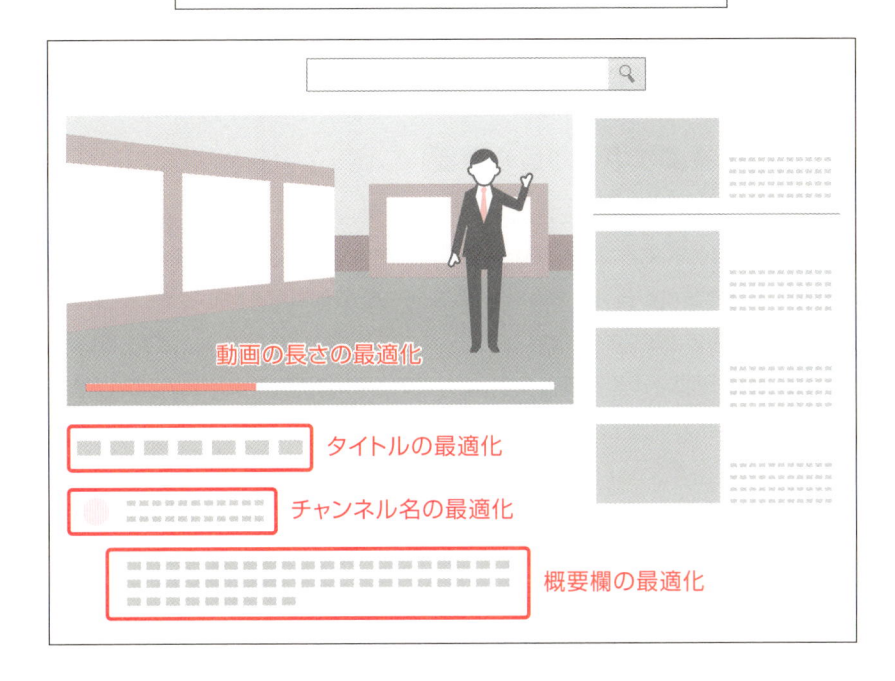

最適化の対象	最適化の効果
タイトルの最適化	YouTube検索結果画面に自分の動画が表示されやすくなる。
動画に含まれるタグの最適化	他の動画に自分の動画が関連動画として表示されやすくなる。
概要欄の最適化	動画の内容をアルゴリズムに伝える。
動画の長さの最適化	アルゴリズムからの評価を受けやすい長さにする。
チャンネル名の最適化	ユーザーが企業名で検索した時に上位表示されやすくなる。

10 YouTubeアルゴリズム最適化のメリット①——
低コストの動画でも視聴回数を増加できる

- クオリティよりも、動画の内容が1.6倍重要である
- 有名俳優が登場するよりも、動画の内容が3倍重要である
- ユーザーの興味と合致していることが最も重要である

▶ クオリティより中身が最も重要

　商品に関心をもったユーザーは、商品に関する動画を視聴することで情報を得て、購入の判断を行います。この動画はたとえ個人がスマートフォンで撮影したものであっても、求める情報が得られるならば、ユーザーの目的を捉えているといえます。

　Googleが2018年に3,200人に対して行った調査によると、ユーザーが何を視聴するかを決めるとき、「自分の興味と関係がある」ことが、「動画のクオリティ」よりも1.6倍重要であるとされています。一般の個人によって制作された動画でも、ユーザーの興味と合致する内容であれば視聴されるのです。一方、クオリティが高い動画であっても、ユーザーの興味と合致しなければ、彼らはすぐに離脱し、興味のある別の動画に移動してしまいます。

▶ 有名人だから再生数が増えるわけではない

　俳優や著名人が登場する動画は、彼らの認知度によって、一定の再生数が得られる可能性はあります。では、一般ユーザーが登場する動画にニーズが無いかというと、そうではありません。有名俳優が出演するかどうかよりも、ユーザーの興味と関係があることが3倍重要であると、Googleは伝えています。

　とはいえ、出演者が全く関係無いかといえば、決してそうではありません。たとえば化粧品について解説する動画の場合、単なる一般ユーザーが使用感を解説するよりも、化粧品についての専門知識や化粧品業界での経歴のある専門家が解説する方が信頼度は高まります。情報源の信頼性という意味で、誰が何を話すのかが重要なのです。

●美容が好きなYouTubeクリエイターのレビュー動画

●俳優が化粧品について紹介する動画

●美容部員が化粧品について紹介する動画

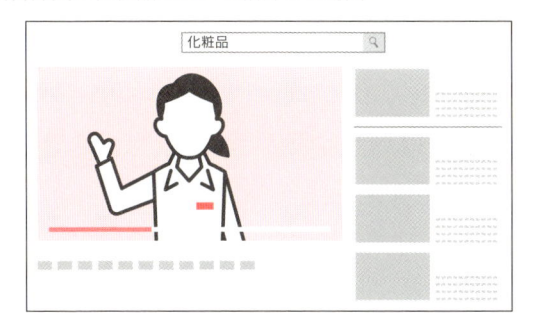

ユーザーは一般消費者としてYouTubeクリエイターなどのレビュー動画を求めることも多いが、彼らはその商品や業界の専門家ではない。俳優などを起用したCMはイメージ訴求が強く、コンテンツとして視聴されるわけではない。

一方専門家による解説は両者に比べて経歴などから**情報的信頼性が高く、ユーザーの納得感を得やすい。**

YouTubeアルゴリズム最適化のメリット②──
商品・サービスの認知度が低い層にリーチできる

- 暇つぶしユーザーにも最適化された動画を表示する
- 90%のユーザーは新たな商品やブランドをYouTubeで発見する
- 類似動画への表示により、低認知層にリーチできる

▶ 「暇つぶし」でも、ユーザーに最適化されるYouTube

　YouTubeのアルゴリズムは、視聴者が興味をもつ可能性を計算して、どのような動画を表示すべきかを判定しています。その判定はこれまで視聴した動画の履歴や最近視聴した動画の系統を基にしています。ユーザーがYouTubeを使う目的は、明確な情報収集のみというわけではありません。電車や待ち合わせなどの暇つぶしにYouTubeで動画を視聴することも大いにあります。このようなユーザーに対しても、アルゴリズムはユーザーのこれまでの**視聴履歴**や傾向などから、ユーザーに興味がありそうな動画をおすすめします。

　ユーザーがあなたの商品と類似する商品に関する動画を視聴している場合、そのユーザーにあなたが公開している動画が表示される可能性はあります。ユーザーがあなたの商品を知らなかったとしても、アルゴリズムがユーザーが過去に視聴した動画と関連性があると判断した場合、あなたの動画がそのユーザーにおすすめされる可能性があるということです。

▶ 90%のユーザーは新たな商品をYouTubeで発見する

　GoogleとMagidが行った調査によると、90%のユーザーは新たな商品やブランドをYouTubeで発見していると報告されています。YouTubeアルゴリズムがユーザーの**視聴傾向**に合った、これまで視聴されていない動画を表示することで、ユーザーは検索することなく、新たな商品や情報に関する動画を発見することができます。

　企業がYouTubeでプロモーションを行う場合、この仕組みこそが最大のメリットであり、またこの仕組みを活用することが最も重要なポイントです。アルゴリズムに最適化することによって、ほかの類似する動画と情報的な関連性を持たせることができます。そうすることで、他の類似動画への表示機会を増加させ、結果的に商品やサービスを知らなかったユーザー層へリーチすることが可能となるのです。

ユーザーが新しい商品をYouTubeで発見する仕組み

　メンズファッションに関する動画を視聴しているユーザーには、メンズファッションに関する動画がトップ画面に表示される。ユーザーの興味に合わせてアルゴリズムが動画を選定するため、ユーザーの知らなかったブランドや動画が表示される。

クラッチバッグに関する説明の動画。
右側の関連動画にクラッチバッグの開封動画が表示されている

スニーカーの手入れ方法やブランドの動画など、ファッションに関する動画が表示されている。
これらを視聴することで、ユーザーは知らなかったブランドを認知している

12 YouTube アルゴリズム最適化のメリット③——
購入を検討しているユーザーにプロモーションできる

- 50%以上のユーザーが商品購入にオンライン動画を参考にしている
- 80%のユーザーがオンライン検索と動画の両方で調べている
- 企業の動画を埋もれさせないためにアルゴリズム最適化が重要である

▶ ユーザーの50%以上が購買意思決定に動画を視聴

Googleは「人はYouTubeでいかに買い物をするか」という調査の中で、50%を超えるユーザーが、「どの商品・ブランドを購入するか」を決めるためにオンライン上の動画を参考にしていると報告しています。「意思決定」という視聴目的を持つユーザーは、商品を使用している様子や、使用感に関するほかのユーザーの情報を得ることで、購入するかどうかを検討する傾向にあります。

企業としては、商品の購入を検討しているユーザーに、自社の商品について正確な情報を伝える必要があります。具体的な商品を検討しているユーザーであれば、関連動画ではなくYouTube上でキーワード検索をする可能性が高いでしょう。50%以上のユーザーは店内で買い物中にオンライン上の動画を視聴するとGoogleは伝えています。

▶ ユーザーの80%がWebと動画を調べる

ユーザーが商品を発見し、具体的に購入を検討するとき、彼らはプラットフォームを横断して商品についての情報を収集しています。2018年にGoogleとMagidが16歳から64歳の2,000人を対象に行った調査によると、80%のユーザーがオンライン検索と動画を切り替えながら、購入する商品の情報を調べていると報告しています。

ユーザーは十分満足できるまで情報を調べることができたとき、はじめて検討から購入へ移行します。商品購入を検討しているユーザーに対して、彼らが求める情報を提供することが必要です。そのためにも、ユーザーがYouTubeで商品について検索をしたときに、企業の動画が埋もれることなく表示されることが重要であり、結果として彼らに直接アプローチをすることが可能となるのです。

ユーザーの80%はWebサイトと動画の両方から商品に関する情報を収集している

YouTubeで動画を調べる

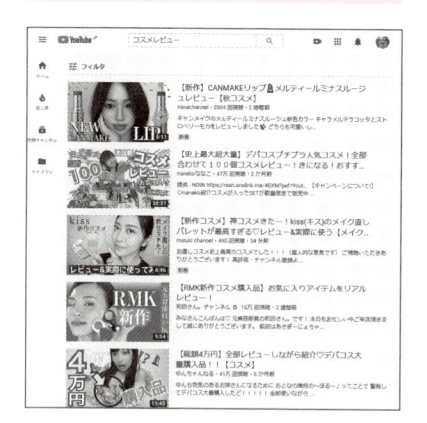

Webサイトを調べる

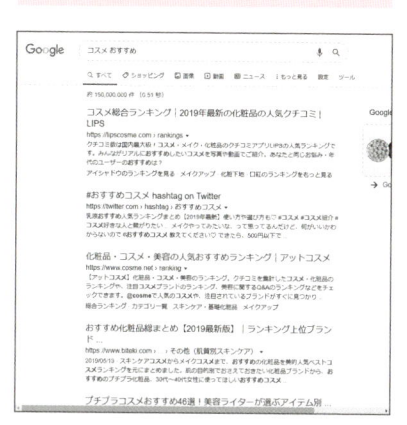

ユーザーは動画とWebの両方を調べることで、どの商品を購入するか
を決定している。Webは「情報」、動画は「使用感」の情報伝達に強い
特徴がある。

13 ユーザーは企業からの商品に関する情報を参考にする

YouTube アルゴリズム最適化のメリット④——

- 70%以上のユーザーは企業の動画を参考にする
- 企業のメッセージとユーザーの視聴目的の合致が重要である
- 最も重要なのは、誰に動画を表示させるかである

▶ 企業からの情報をユーザーは参考にする

企業は商品の認知度向上のために、**YouTube クリエイター**や**インフルエンサー**と呼ばれる人たちに商品レビューを依頼することがよくあります。彼らが、彼らをフォローする特定のユーザーに向けて情報発信することで、商品の認知度は高まります。では、企業側からの情報提供はユーザーに求められていないかというと、そうではありません。

Googleは、70%以上のユーザーはYouTube上で企業からの商品に関する情報を参考にすると報告しています。ユーザーが動画に期待することは、彼らにとっての有益な情報です。それは企業の伝えるメッセージと、ユーザーの視聴目的を合致させることで、はじめてユーザーにとって有益な動画となります。

▶ 伝えるメッセージと視聴目的の明確化

企業によるプロモーション活動である以上、まずはじめに企業側の目的があります。これは商品の認知度向上や販売数の増加などです。次に、企業がYouTubeを通じてユーザーとコミュニケーションを取るときに考えるべきは**何を伝えるか**です。企業側の**伝えるメッセージ**とユーザーの**視聴目的**が合致したとき、はじめてユーザーは企業の動画を視聴する理由が生まれます。

最も重要なのは、その動画を誰に表示させるかということです。視聴目的を持つユーザーに表示されれば、その動画は彼らにとって非常に有益なものとなり、アルゴリズムはより多くのユーザーに表示します。しかし、適切なユーザーに表示されなかった場合、ユーザーが視聴する理由が無いため、ほとんど再生されることはなく、徐々に表示されない動画となってしまいます。動画を適切なユーザーに表示させ、より多くのユーザーにアプローチするために、アルゴリズムへの最適化が重要なのです。

●YouTubeクリエイターを活用した企業のプロモーション活動

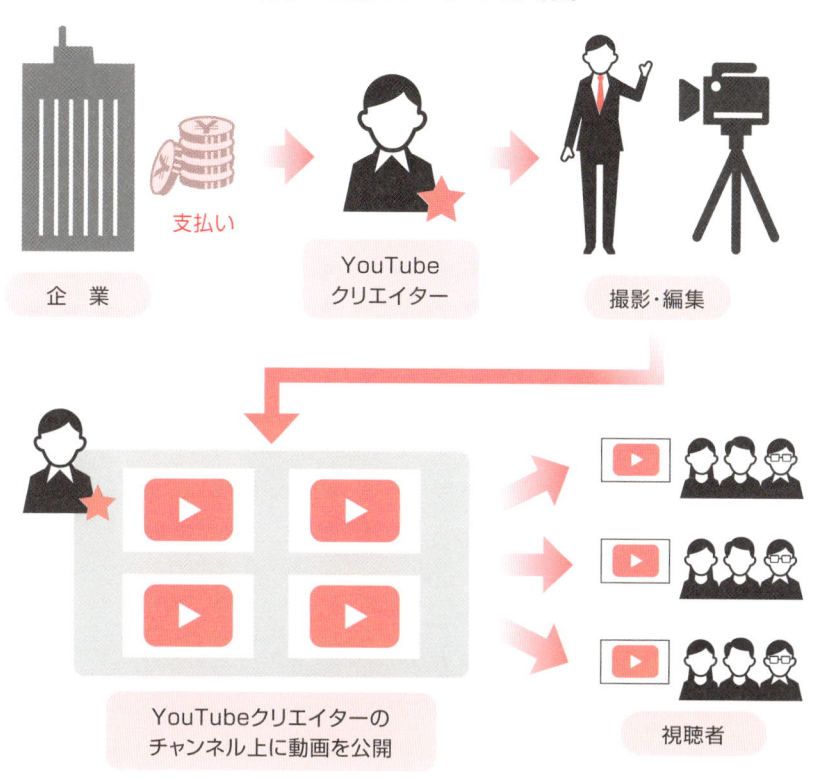

●YouTubeクリエイターによる商品紹介動画の例

TV 2.0. とは

　YouTubeやニコニコ動画などのネット動画と対比されるメディアがテレビです。「テレビ離れ」といわれるように、若年層を中心にテレビを見なくなっているといわれています。10代のテレビ視聴時間は、平日の1日あたり2012年の102.7分に対して、2016年には89.0分と減少傾向にあります。一方、インターネットの利用時間は、2012年の108.9分に対して、2016年では130.2分と増加傾向にあります（橋元:3-4）。この傾向は米国でも同様で、Cable cord-cutting（ケーブルコードの切断）と表現されています。

　ユーザーはテレビという画面から離れてしまったのでしょうか。2018年2月、YouTubeの最高製品責任者であるNeal Mohan氏は、YouTubeはテレビ画面による視聴が過去1年間で70％の成長を遂げていると発表しています。つまりテレビの画面から離れてしまったわけではなく、テレビという大きな画面でみることは好んでいるということです。では、ユーザーはテレビで放送されるコンテンツから離れてしまったのでしょうか。同氏は、ユーザーはテレビコンテンツを依然として好むと言います。生中継のスポーツやバラエティ、ニュース、ドラマなどは、ユーザーの好むコンテンツです。

　ユーザーがテレビから離れてしまう原因は、「制限」にあると考えられます。テレビは従来、放送時刻が決められており、その時間でしかみることができませんでした。しかしユーザーは、視聴体験をパーソナルなものとして、柔軟かつインタラクティブなものを求める傾向にあります。これはユーザーを取り巻く環境とライフスタイルの変化によって生じた現象であり、テレビコンテンツからの離脱というわけではありません。ユーザーは、自分の好みに合わせた、インタラクティブで柔軟性をもつテレビ体験を望んでいるのです。このテレビ画面がユーザー一人ひとりに最適化されるテレビ体験を、Neal Mohan氏は「TV 2.0.」と呼んでいます。

　企業にとって、TV 2.0. とはどのようなものなのでしょうか。ユーザー一人ひとりに最適化されたコンテンツを提供するTV 2.0.では、「リーチ」「ターゲティング」「効果測定」の3点において、より良いテレビ広告へ変わると考えられます。テレビをみなかったためにこれまでリーチが困難だったユーザーに対して、TV 2.0ではリーチが可能となり、ターゲティングにおいても、ユーザーの好みや視聴しているコンテンツに合わせた広告配信ができるようになります。配信後の効果測定も視聴データの取得により、これまで以上に詳細な数値を手に入れることができます。

　YouTubeでの視聴体験がすでにパーソナルなものになっていることを考えると、TV 2.0という概念は近い将来に現実のものとなるかもしれません。

YouTubeのしくみ

── 広報PRが必ず知っておくべきYouTubeの基礎知識

　消費者は面白い動画を探す以外にもYouTubeを利用します。「どのような商品なのか動画でみたい」「実際に身につけたり使用している様子をみたい」などさまざまです。同じようなテーマの動画を見続けていると、YouTubeのトップページや関連動画に過去に視聴した動画と類似する動画が表示されます。それらはまだ視聴したことの無い動画のため、彼らにとっては新たな発見となります。

　では、その動画はなぜ彼らに表示されたのでしょうか。本章では、YouTubeが動画を表示するアルゴリズムと、視聴トラフィックについて説明します。

YouTubeの動画と
ユーザーの視聴の姿勢

- **YouTube**に公開されている動画はエンタテインメントだけではない
- ユーザーの状況や動機によって動画に対する視聴姿勢が変化する
- 動画の発見の仕方によって動画への関心度が変わる

▶ YouTubeにはどんな動画が公開されているのか

　YouTubeと聞くと、**YouTubeクリエイター**を想像する方も多いでしょう。彼らは主にエンタテインメントを提供しており、テレビなどでは実現が困難だった表現や手法でユーザーを惹きつけています。彼らのイメージが強いため、YouTube動画は子どもや若いユーザーが使うものであるという印象が強いかもしれません。そのため、YouTubeには楽しんで視聴できる動画が適していると考える方も多いのではないでしょうか。

　たしかにYouTubeには、エンタテインメントに分類される動画が数多く公開されています。しかしそれだけではなく、専門知識に関する動画や、学問に関する動画、商業に関する動画など、数え切れないほどの種類の動画が公開されています。それらの動画の中には、視聴回数が50万再生や100万再生のものも数多く存在しています。

▶ ユーザーの視聴の姿勢で変わるトラフィック

　エンタテインメントの動画は、どのような状況で視聴されているのか想像しやすいと思います。たとえば自宅でくつろいでいるときや、休憩時間などに視聴されていることが多いでしょう。このような場合は、わざわざ検索をせずに、YouTubeのトップページから気軽に視聴を開始することが多いと考えられます。

　専門知識に関する動画や学問に関する動画については、どのようにしてそれを発見し、どのような状態で視聴を始めるのでしょうか。たとえば、プログラミングを勉強したいとき、多くのユーザーはYouTube内でキーワードを入力して検索する可能性が高いと考えられます。そして、適していると考えられる動画を発見したら、よほどでない限り動画の冒頭ですぐに離脱せずに数分は視聴するでしょう。

　その動画を見終わったら、次の動画は関連動画の中から選ぶと考えられます。このとき、1本目の続きではない動画を選択してしまった場合は、ユーザーはすぐに離脱

すると考えられます。つまり、ユーザーの動画の発見の仕方によって、動画の視聴に対する姿勢は異なるということです。なお、動画の発見に至ったトップページや、YouTube検索、関連動画などの経路のことを**トラフィック**といいます。

ユーザーの動画に対する姿勢によって視聴トラフィックが変化する

トップページ

リラックスしているユーザーはトップページから何となく動画を探し、興味のある動画を視聴する。

キーワード検索

関連動画

特定の動画を求める時、ユーザーは検索を行い、関連動画を連続して再生する。

2 アルゴリズムとは何か

- アルゴリズムとは一定の規則に基づいた計算方法である
- 視聴回数や表示回数などを基にアルゴリズムは計算を行う
- YouTubeには主に3種類のトラフィックが存在する

▶ アルゴリズムとはどういうものなのか

　アルゴリズムとは、「コンピューターなどで、演算手続きを指示する規則。算法。」（107, 広辞苑）のことで、一定の規則に基づいた計算方法です。YouTubeはユーザーの興味がある動画を表示することを重視しており、ユーザー一人ひとりの興味関心に合わせた動画を表示するための規則が、YouTubeにおけるアルゴリズムということになります。

　アルゴリズムは一定の規則に沿った計算方法なので、計算を行うための数値が必要となります。**視聴回数**や**表示回数**などはそうした数値の1つです。ほかにも、**クリック率**や**総視聴時間数**など、さまざまな数値が存在します。YouTubeはデータとして取得しているこうした数値を一定の計算規則に当てはめ、その結果に基づいて特定の動画を関連動画に表示させたり、YouTubeのトップページに表示させたりしています。

▶ YouTubeに存在する3つの主なトラフィック

　YouTubeには、主に3種類のトラフィックがあります。1つは**YouTube検索**です。YouTubeの画面上部に配置されている検索窓にキーワードを入力し、検索を実行することで、入力されたキーワードと関連性のある動画が一覧で表示されます。YouTube検索は、特定の情報に関する動画を視聴したい場合に使用されます。

　2つ目は**関連動画**です。関連動画は、動画を視聴中に表示される他の動画の一覧です。ここには現在視聴中の動画と関連性がある動画が表示されています。3つ目は**トップページ**です。トップページは、YouTubeを開いたときに最初に表示されている場所です。「あなたへのおすすめ」やその他のチャンネルの動画が並んでいる画面を指します。

主な視聴データ

視聴データ名	データの説明
視聴回数	動画が視聴された回数
総再生時間	動画が再生された合計の時間数
平均視聴時間	動画が再生された平均時間
再生率	動画が再生された平均の割合
インプレッション数	YouTube検索、関連動画、トップ画面などで動画が表示された回数
インプレッションの クリック率	インプレッションに対してユーザーがクリックした割合

主な視聴トラフィック

トラフィック名	重視されるデータ	トラフィックの特徴
YouTube検索	タイトル、概要欄の文字	検索して動画が視聴されているため、最後まで視聴される確率が高い。
関連動画	タグ	再生率はYouTube検索よりも下がりやすいが、視聴回数を大幅に増加させるきっかけにもなるトラフィック。
ブラウジング機能 (トップページ)	ユーザーの視聴傾向	ユーザーが唯一何も行動を起こさなくても動画を視聴できるトラフィック。

3 アルゴリズムは何を見ているのか

- ● YouTube はユーザー一人ひとりに適した視聴環境を提供している
- ● 類似するユーザー群の傾向から一人に対して適切な動画の視聴環境を提供している
- ● アルゴリズムはユーザーからの明確とフィードバックと潜在的なフィードバックを見ている

▶ ユーザー一人ひとりに最適化された動画の視聴環境

　YouTube はユーザー一人ひとりに最適化された、パーソナルな視聴環境を提供することを重要視しています。たとえば、「過去に視聴した動画はどのような動画なのか」「最近視聴した動画は何か」といった視聴データや、「どんなキーワードで検索をしているのか」「どんなトピックの動画を視聴しているのか」など、さまざまなデータを基にユーザーが視聴する可能性の高い動画を表示しています。

　各ユーザーに最適化された動画の視聴環境は、そのユーザーの視聴データだけを参考にしているわけではありません。YouTube は毎月 20 億人に利用されており、類似する視聴傾向を持つ他のユーザーの視聴状況をふまえて、おすすめとして表示することもあります。

▶ アルゴリズムは何を重視するのか

　アルゴリズムは 2 種類の重視するデータがあります。1 つは**ユーザーからの明確なフィードバック**です。これは、たとえば「**高評価**」や「**低評価**」などが挙げられます。そのほかにも、**SNS へのシェア**や**コメント**など、ユーザーが明確に起こしたアクションです。

　もう 1 つは**ユーザーからの潜在的なフィードバック**です。これは明確なフィードバックである「高評価」などとは異なり、ユーザーが主に視聴において起こしたアクションをいいます。たとえば、「1 本の動画を最後まで視聴したかどうか」や「関連動画などで表示した結果クリックされたかどうか」などです。YouTube アルゴリズムは、ユーザーが動画に対して意図的に起こしたアクションだけでなく、潜在的に動画に起こしたアクションも計測しています。

動画の視聴傾向とユーザーの視聴傾向を組み合わせて動画を表示する

自分の動画の過去の視聴傾向

視聴回数	視聴者の性別
表示回数	視聴者の年齢
クリック率	過去の視聴動画傾向

釣具の
紹介

近海スーパーライト・スピニングモデル HLJ631S-FLL

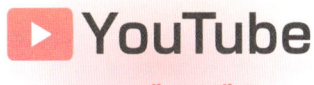
▶ YouTube
アルゴリズム

野球好き

サッカー好き

釣り好き

トラフィックで異なる アルゴリズム

- トラフィックには最適化可能なものと不可能なものがある
- YouTube 検索と関連動画は最適化が可能
- トップページはチャンネル全体を最適化する必要がある

▶ アルゴリズム最適化ができるトラフィックとは

　「YouTube検索」「関連動画」「トップページ」の3つの主なトラフィックのうち、ア ルゴリズム最適化が可能なトラフィックは「YouTube検索」と「関連動画」です。 「YouTube検索」は、主にユーザーが入力したキーワードを参照する傾向にあります。 それに加えて、動画が公開された日付を重要視する傾向にあります。これはYouTube が新しい動画を検索上位に表示させることで、ユーザーに新鮮な動画を届けることを 目的としているためです。検索キーワードと動画が公開された日付などをもとに検索 順位が決まる傾向にあります。

　もう一つが「関連動画」です。「関連動画」は主に動画内に含まれたタグを参照する 傾向にあります。ユーザーが視聴している動画に設定されているタグと、自分の動画 のタグがどの程度共通しているかを重視していると考えられます。タグを重視するこ とで、動画同士の情報的な関連性を計算し、その上でユーザーの視聴傾向を分析して、 どの動画を関連動画として表示するかを決めていると考えられます。

▶ 公開している動画全体が重要となるトラフィック

　「トップページ」は、直接的なアルゴリズム最適化が困難なトラフィックです。それ は自分のチャンネルで公開されているすべての動画が関係しているからです。トップ ページに表示される**あなたへのおすすめ**は、ユーザーが普段視聴している動画と類似 した動画や、過去に視聴したことのある動画を公開しているチャンネルの未視聴の動 画が表示されています。つまり、ユーザーの視聴傾向が最も重視されるトラフィック のため、データ設定によってトップページに表示しやすくすることは困難です。

　ただし、直接的に最適化は困難であったとしても、間接的にアルゴリズムを活用す ることは可能です。あなたのチャンネル内で公開している動画をコンテンツとして関 連性を持たせることで、間接的にアルゴリズムを活用することができます。動画同士

のコンテンツとしての関連性とは、公開する動画のすべてに一定のテーマを持たせ、そのテーマに沿った動画を公開することで動画同士を相互に関連させる方法です。

アルゴリズム最適化ができるトラフィック

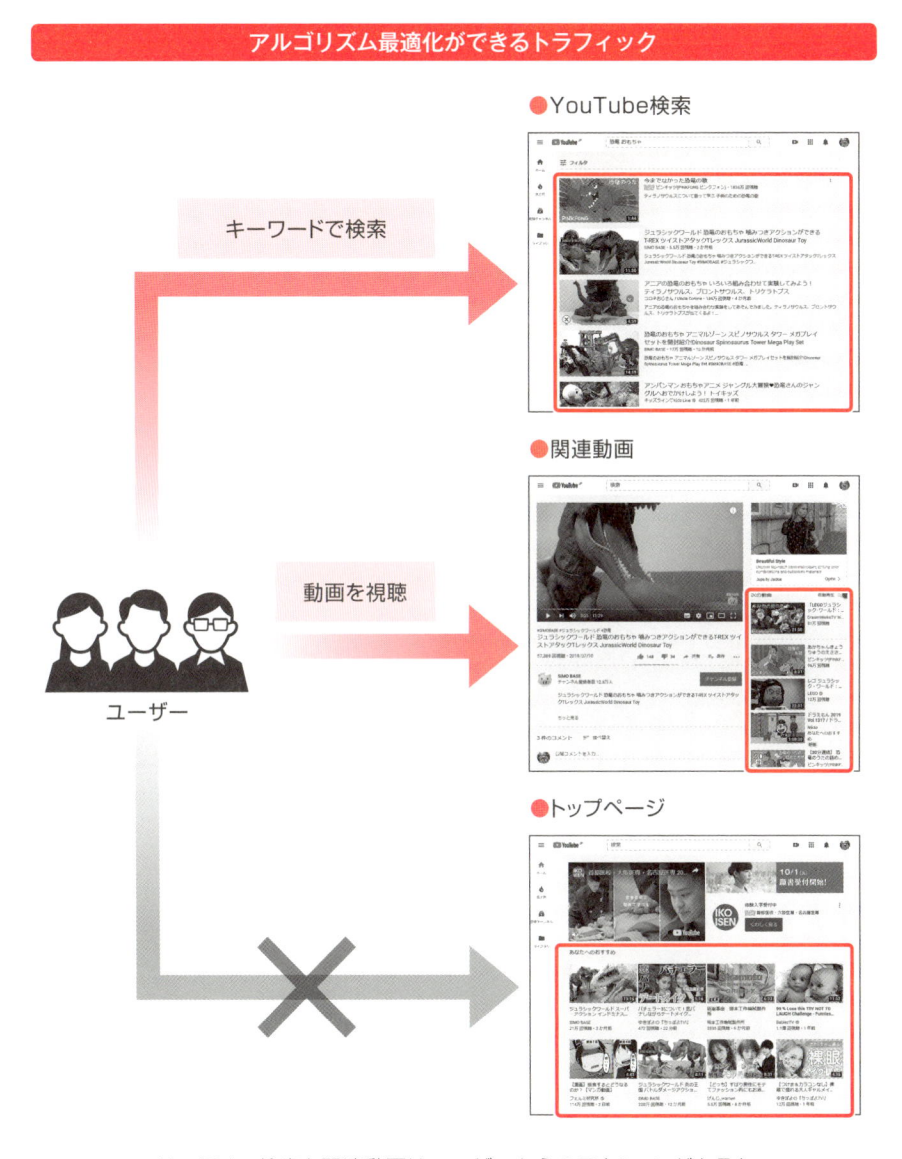

キーワードで検索

●YouTube検索

動画を視聴

●関連動画

ユーザー

●トップページ

YouTube検索と関連動画はユーザーからのアクションがあるため、アルゴリズム最適化が可能だが、トップページはユーザーの過去の視聴傾向から動画を表示するため、直接的なアルゴリズム最適化を行うことはできない。

5 視聴回数の落とし穴

- 視聴回数はWebページで再生してもカウントされる
- アルゴリズムはYouTube内での視聴のみ学習する
- YouTubeで再生されることが重要である

▶ 「外部」視聴による視聴回数の空洞化

　動画の**視聴回数**は、動画が再生されたときにカウントされます。Webページ上で再生されても、同様にカウントされます。たしかに視聴回数が多いことはよいことですが、それ以上に視聴回数の中身を知ることが重要です。たとえばアクセス数の多いWebページ内に動画を埋め込んでいる場合、数多くの視聴回数を期待することができます。しかし、その視聴はWebページ上で視聴されたものであり、YouTube上で視聴されたものではありません。ここに視聴回数の落とし穴があります。

　YouTubeのアルゴリズムは、その動画が「誰にどのような経路で視聴されたのか」を視聴データを基にして学習していきます。蓄積されたデータはアルゴリズムにとって学習機会の源泉であり、その膨大なデータを基にして、どのような別のユーザーに表示すればよいのかを判断しています。しかしWebページで再生された場合、アルゴリズムが学習できるデータとしては、「動画がどこまで再生されたのか」「視聴時間はいくつなのか」程度であり、「誰に視聴されたのか」「どのような経路で視聴されたのか」といったユーザーに関する情報の取得が困難です。

▶ YouTube内で視聴されることの重要性

　自社のWebページ上にユーザーが訪れている時点で、その商品は認知されていると判断できます。Webページ上で動画を視聴しているユーザーは、その商品やサービスの購入について、高い興味を持っている可能性が高いでしょう。商品やサービスの使い方に関する動画であれば、購入直前のユーザーに対して意思決定をうながす最後の一押しとしては有効です。しかし、それはWebページ上での視聴であり、YouTube上での視聴ではないため、動画の視聴回数という意味では数値的価値を持ちません。

　企業がYouTubeを活用する目的は、YouTubeユーザーに対するプロモーション活動です。それは、類似する商品の購入を検討しているユーザー、または、商品やサー

ビスを認知してはいないが、同様の商品やサービスに潜在的な興味があるユーザーの獲得です。これまで検索では到達できなかったユーザーに対してプロモーションを行うことで、企業側がYouTubeでプロモーション活動を行う本当の意味が出てきます。そのためにも、YouTube内で視聴されているかどうかが非常に重要です。

YouTubeアルゴリズムはWebサイトなどYouTube以外での視聴の場合、視聴ユーザーのデータを取得できない

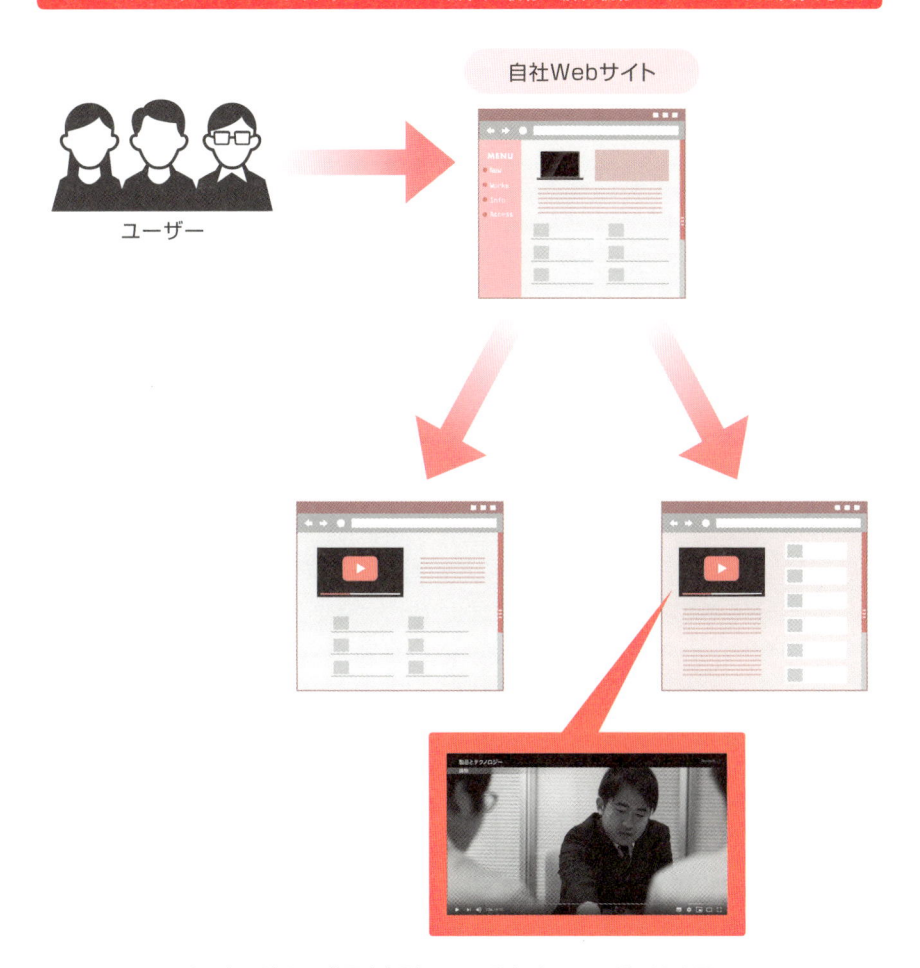

自社Webサイト

ユーザー

Webサイトに訪れて動画を視聴しているため、ユーザーは商品について認知しており、さらに購入も検討している可能性が高い。
元々認知しているユーザーからの視聴のため、視聴回数としてはあまり意味を持たない。さらに、その視聴に対してYouTubeは視聴ユーザーのデータを取得することもできない。

6 トラフィックの重要性

- 公開直後は視聴データが無い状態である
- 公開直後はYouTube検索への表示が今後の再生数のベースになる
- 本来伝えたい内容と関係のない動画の関連動画へ表示されているケースがある

▶ 公開直後の動画の視聴回数を増やすために

　動画の視聴回数を増加させ、より多くのユーザーにアプローチするために、視聴データの分析対象として欠かせないのが**視聴トラフィック**です。1本の動画を公開した直後は、視聴データはもちろんありません。チャンネル登録者をすでに数多く獲得しているならば、登録者が視聴することで視聴データは蓄積されていきますが、企業チャンネルの場合は、これからチャンネル登録者を増やしていかなければならないケースが多くあります。

　アルゴリズムは「誰に」「何回表示され」「どの程度視聴されたか」を分析した上で、「この動画は誰に表示すべきか」を学習していきます。公開直後の視聴データが無い状態で、高いクリック率と長い視聴時間を獲得するためには、その動画を見たいと思っているユーザーに表示されることが必須となります。その動画を見たいと思っているユーザーへ表示させるためには、主なトラフィックである「検索」「関連動画」「トップページ」それぞれの傾向を把握する必要があります。

▶ 公開直後の視聴トラフィックは視聴回数を左右する

　視聴回数が増加しやすい動画には、視聴経路に関する傾向があります。それは公開直後のYouTube検索トラフィックでの**表示回数**と**クリック率**、そして**視聴者維持率**です。企業の場合はYouTubeクリエイターなどと異なり、特定のターゲット層に対するアプローチを行うことが多いです。特定のターゲットに対して役に立つ動画であることを前提とすると、YouTube検索経由の視聴がどの程度あるかが、その後の関連動画やトップページへの表示による潜在顧客へのアプローチのためにも重要となります。

　視聴回数が伸び悩む例としては、YouTube検索からの流入が動画公開後から計測しても非常に少ない場合です。また、そのような場合、関連動画への表示回数も少な

いケースがよくあります。たとえば、ボールペンについて芸能人が説明する動画を公開していたとします。関連動画として表示されている動画の大半が、その芸能人が出演する他社のCMやその芸能人に関する動画などの場合です。本来はボールペンをテーマとした動画へ表示されることが望ましいものの、アルゴリズム最適化がされていないために、このような状態に陥っている動画は多くあります。

女性ユーザーからの視聴が多い動画は、女性ユーザーに多く表示される

女性

女性

男性

動画の視聴データ	
表示回数	視聴者の性別
視聴回数	視聴者の年齢
クリック率	過去に視聴した動画の傾向

女性ユーザーに視聴される動画であると認識する。

▶ **YouTube**
アルゴリズム

女性

女性

女性

男性

女性ユーザーからの視聴が多い場合、アルゴリズムは女性ユーザーにより多く表示する。

7 検索アルゴリズムの特徴

- 検索結果は再生回数の多い順で表示されるわけではない
- YouTubeは公開日の新しい動画を評価する
- YouTube検索の順位は文字情報が重視される

▶ 再生回数だけが指標ではない

　YouTube上で何か特定の動画を探す場合、ユーザーはYouTube上で「検索」を行います。キーワードを入力して、検索結果画面から目的となる動画を探します。この検索結果画面の順番は、再生回数の多い順で並んでいるわけではありません。もちろんユーザーが検索結果画面でフィルター機能を用いて、視聴回数順や評価順などを選択した場合は、その指定されたフィルター順になりますが、大半のユーザーはもともと設定されている**関連度**順を選択しているでしょう。

　検索結果へ影響する要素は、「過去の視聴履歴」「最近視聴した動画のテーマ」「すでに視聴された動画」などであり、検索結果はユーザーの視聴傾向に合わせて変化します。では、公開直後の動画を検索結果に上位表示できないのかというと、そうではありません。YouTube検索の結果画面において、表示順位を左右する大きな要素が**公開日**と**文字情報**だからです。

▶ YouTubeは新しい動画を求めている

　YouTubeは新鮮な動画をより多くのユーザーに表示する仕組みづくりを行っています。しかし、関連動画とトップページについては、「どのようなユーザーがその動画を視聴したのか」という過去の視聴データが無ければ、その動画をどのような動画の関連動画に表示すべきか、または誰のトップページに表示すべきか判断ができません。一方、YouTube検索結果画面については、再生回数は少なくても、公開日が新しい動画が上位表示される傾向にあります。

　YouTube検索結果では、公開日のほかに文字情報が重視されます。これは検索されたキーワードと、動画に設定されている文字情報の合致具合を評価している傾向があります。たとえば、タイトルに含まれる文字情報や概要欄に、どの程度ユーザーが検索したキーワードが含まれているかなどです。タイトルを動画アップロード時の

ファイル名のままにしている企業はあまりありませんが、概要欄を最低限の説明にとどめていたり、何も記載が無いケースは多く見られます。このような場合は、改善の余地があるといえます。

視聴回数が少なくても新しい動画はYouTube検索結果画面に上位表示されやすい

この画面は「京都旅行」での検索結果画面である。14万回視聴の動画よりも5.1万回視聴の動画の方が上位表示されている。これは5.1万回の動画の方が公開日が新しいからである。このようにYouTubeは単に視聴回数だけで動画の表示順位を決めているわけではない。YouTubeは新しい動画を評価するため、再生数が少なくても新しい動画はYouTube検索結果で上位に表示される。視聴回数の多い動画よりも、自分の動画が上位に表示される場合もある。

関連動画アルゴリズムの特徴

- 関連動画はより幅広いテーマを扱うように変化した
- アルゴリズムの変更によって、より多くのユーザーへリーチできるようになった
- 関連動画はコンテンツとしての関連性が最も重要となる

▶ 情報としての繋がりを重要視する

　関連動画はYouTube検索と異なり、動画同士の**情報的関連性**と**視聴傾向**を重視します。たとえば、サッカーシューズに関する動画の関連動画には、サッカーシューズについて触れている別の動画が表示されます。しかし関連動画の表示はアルゴリズムの変更に伴って、より幅の広いテーマに関する動画を表示するようになりました。以前は関連動画として表示する動画の対象を絞りすぎていたため、それまでは過去に視聴したことがある動画ばかりが表示されるアルゴリズムとなっていたのです。

　こうしたアルゴリズムの変更に伴って、動画はより幅広いユーザーへリーチできるようになりました。たとえば、サッカーシューズの動画の場合、サッカーシューズだけでなく、サッカーシューズの手入れの方法、シュートの仕方、プロサッカー選手の動画、サッカーボールについて、キーパーグローブについてなど、テーマとして関連性のある動画を表示するようになりました。より多くの動画へ表示されることで、リーチできるユーザーの幅が広がったのです。

▶ 関連動画は他の動画との競争

　視聴回数の多い動画に関連動画として表示されれば、視聴回数も上がるのではないかと考えられそうですが、決してそうではありません。テーマが類似している場合、動画の内容として関連性があるため、表示されることはありますが、動画のテーマとしてあまり関連性がない場合は、より関連性の高い他の動画が表示の候補となる可能性が高いからです。

　関連動画の枠は**再生端末**によって差はあるものの、表示される動画の数はおおむね決まっています。そして視聴回数が多い動画の関連動画へは、同じように視聴回数の多い他の動画が表示されます。公開直後の動画の場合、関連動画として表示される動画も、その動画と同じ程度の視聴回数である傾向があります。そして関連動画として

表示され、クリックされることで、徐々により再生回数の多い動画へ表示されるようになるのです。

より幅広いテーマの動画を関連動画に表示するように変化

過去の関連動画

サッカーシューズに関する動画を多く表示する

現在の関連動画

サッカーシューズだけでなく、サッカー全般と関連性の高い動画を表示する

過去の関連動画は動画のテーマと直接関連性の高い動画や過去に視聴したことのある動画を表示していたが、アルゴリズムの変更に伴って、動画のトピックと関連性のある動画を表示するように幅が広げられた。

トップページアルゴリズムの特徴

- トップページは唯一ユーザーがアクションを起こさず視聴できるトラフィック
- ユーザーの視聴傾向に合わせた動画を表示する
- 「知らないチャンネルの動画」として表示されることでリーチを拡大できる

▶ 視聴傾向を重視する

　検索はユーザーが入力したキーワードを、関連動画は他の動画との情報的関連性を重視する傾向がありました。ではトップページは何を重視しているのでしょうか。それはユーザーの視聴傾向と考えられます。トップページはYouTubeの視聴トラフィックの中でも、唯一ユーザーが何もアクションを起こさなくても動画を提供してくれる場所です。そのため、最近ユーザーがどんな動画を視聴したのか、どんなトピックの動画を視聴したのか、最近チャンネル登録をしたチャンネルは何なのかを分析して、ユーザーに最適化された動画を表示する傾向にあります。

　ユーザーの視聴傾向といってもさまざまです。たとえば一度視聴した動画をもう一度見たいということはよくあることです。音楽などの動画は繰り返し見たいと思うことが多いでしょう。その他に最近チャンネル登録をしたチャンネルの、他の動画を視聴したいということも考えられます。気に入って登録したチャンネルが、他にどんな動画を公開しているかは気になるものです。

▶ 視聴したことがない動画やチャンネルを表示する

　トップページには大きく分けて3種類の動画が表示されます。それは、「視聴したことがある動画」「視聴したチャンネルの未視聴の動画」そして「知らないチャンネルの動画」です。視聴したことがある動画は、ユーザーのもう一度視聴したいというニーズを満たしてくれます。手軽に過去に視聴した動画が見られることは便利です。また、過去に視聴したことがあるチャンネルだが、他の動画はまだ見ていないという動画も、あなたへのおすすめとしてトップページに表示されます。これもユーザーにとっては便利でしょう。

　トップページのトラフィックで企業が最も自社の動画を出したい表示枠が、「知らないチャンネルの動画」です。自社の商品やサービスと類似するトピックを視聴して

いるユーザーへトップページ上でアプローチすることができます。そのためには、その動画が過去にどのような視聴傾向を持つユーザーに視聴されたかというデータが必要となります。自社の動画を視聴したユーザーの傾向と、その動画をまだ視聴していないユーザーの視聴傾向が合致したときに、アルゴリズムは動画を視聴したことの無いユーザーに、「あなたへのおすすめ」として動画を表示する可能性が高まります。

ユーザーの視聴傾向を基に最適化されたトップページ

ユーザー

ユーザーについて	● 女性	● ファッションが好き
	● 20代	● 最近見た動画は英語を学ぶことができるチャンネル
	● メイク動画が好き	

過去に視聴した動画

メイク動画

見たことがないメイク動画

英語関連の動画

ファッションの動画

視聴回数の増加に必要なこと

- ● クリックされ、再生されることが最も重要
- ● アルゴリズムは表示に対するクリック率を計測している
- ● 最後まで視聴されることで視聴回数を増加できる

▶ クリックされることが重要

　膨大な数の動画が表示される中から、ユーザーに視聴される動画は1つしかありません。きちんとユーザーに動画が表示されるためにアルゴリズムへの最適化は必要不可欠ですが、それ以上に重要なのが視聴されることです。当然のことですが、動画が視聴されるためにはクリックされなければなりません。そこで、内部データとしてのアルゴリズム最適化と同じくらい、サムネイルの工夫が重要になります。ユーザーの目を1本の動画に惹きつけるために、視覚的な工夫が非常に重要です。

　表示されても、クリックされなければ、この動画は表示をしても視聴されない動画だとアルゴリズムは判断します。その動画の内容がいかにユーザーにとって有益であり、良質な動画であったとしても、視聴されなければ、視聴回数の源泉となる表示回数が減少してしまい、結果として視聴回数は減少してしまいます。アルゴリズムは**ポジティブインプレッション**と**ネガティブインプレッション**というデータを収集し、表示した後にクリックされたかどうかを計測し、どの程度その動画を表示するかを判断しています。

▶ 最後まで視聴されることの重要性

　表示回数が増加し、視聴回数が増加したとしても、YouTubeはそこから先のユーザーの潜在的フィードバックを計測しています。それが**視聴者維持率**です。たとえ動画が視聴されたとしても、大半のユーザーが動画全体の10%程度で視聴をやめてしまった場合、その動画はクリックバイト動画（視聴回数を稼ぐためだけの動画）だとして判断されます。すぐに視聴をやめてしまう動画はユーザーにとって有益ではないため、アルゴリズムは表示回数を減少させてしまうのです。

　では最後まで視聴されるためにはどうすればよいのでしょうか。それは、その動画を求めるユーザーに表示をさせることです。市場調査などによって一定の視聴ニーズ

がある動画を作成する必要もありますが、その動画を視聴ニーズがあるユーザーに表示をさせることが最も重要となります。見たいと思っているユーザーに視聴されることで、動画は最後まで視聴される可能性が高まり、ユーザーにとっても有益な動画を視聴したという体験が生まれるのです。

ターゲットユーザーが視聴することで動画がクリックされ、最後まで視聴される

ターゲットが違う場合

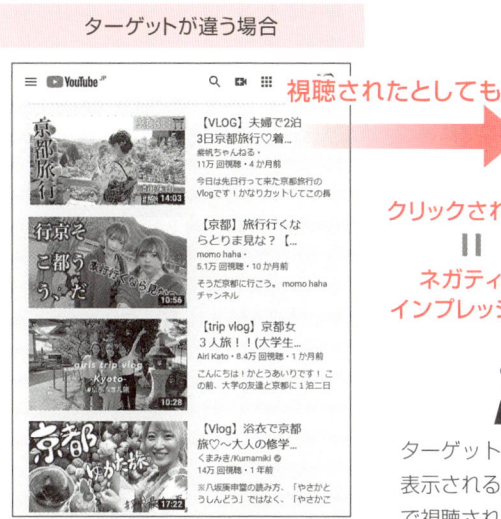

視聴されたとしても

クリックされない
=
ネガティブ
インプレッション

興味なかったから途中で見るのやめちゃった

ターゲットではないユーザーに自分の動画が表示されるとクリックされない上に、最後まで視聴されない可能性が高まる。

ターゲットが適切な場合

クリックされる
=
ポジティブ
インプレッション

知りたい情報だったから最後まで見た！

ターゲットユーザーに自分の動画が表示されることでクリック率が高まり、最後まで視聴される可能性も高まる。

Chapter 2

11 何が視聴回数の増加を底上げするのか

- 低クオリティの映像は視聴をやめてしまう
- 「視聴する理由」があればユーザーは視聴する
- 高い視聴者維持率が視聴回数を増加させるカギとなる

▶ ユーザーの視聴目的と合致させることが一番重要

　動画にはたしかに一定のクオリティは求められます。「見たいところが見えない撮影の仕方をしている」「画面が揺れすぎていて見ていて気持ち悪くなる」「人が喋っているが音が小さすぎて聞こえない」など、映像としてのクオリティが低いものはユーザーがすぐに視聴をやめてしまうことでしょう。では、すべての動画を映像制作のプロフェッショナルに依頼し、キレイな映像でなければ視聴がされないかというと決してそうではありません。映像のクオリティと視聴回数はほとんど関係がないといっても過言ではないのです。

　動画は短い方がよい、音が入っていない方がよいなどさまざまなことが言われますが、ユーザーは視聴したい動画であれば、どれだけ長くとも、音が入っていようと最後まで視聴します。続きが気になる動画を単に「長い」や「音が入っている」という理由だけで視聴を停止することはあまりありません。最も重要なのは「なぜその動画を見るのか」に対する明確な答えがあることです。

▶ 高視聴者維持率が視聴回数増加のカギ

　では動画は長ければよいのかというとそうではありません。動画のジャンルや伝えたいメッセージによって適切な動画の長さは決まります。長過ぎるが故に視聴者維持率が下がっては本末転倒となります。しかしアルゴリズム最適化の観点から見ると、長い動画の方がよりアルゴリズムの評価を得やすいのは事実です。なぜならアルゴリズムは**総視聴時間数**を重視する傾向にあるからです。単純に1分の動画と10分の動画を比較したときに、視聴者維持率が同じであれば、10分の動画の方が総視聴時間は10倍のため、アルゴリズムは後者を評価する傾向にあります。

　ただ、1分の動画と10分の動画が同じ視聴者維持率というケースは稀でしょう。大抵の場合は長い動画の方が視聴者維持率は下がってしまいます。ユーザーに最後ま

で視聴してもらうために、どのように動画を構成すべきかという工夫が必要不可欠となります。一般的な動画の作り方のように、冒頭にタイトルを入れてしまっては、ユーザーの大半は興味を失って視聴を停止してしまいます。よく言われることですが、最初の5秒が重要というのは、冒頭での視聴者維持率の低下を最低限にすることが目的です。適切なユーザーに表示され、クリックされることで視聴回数が増加し、さらに最後まで見られることが、視聴回数を増加させるためには必要不可欠なのです。

動画によってアルゴリズムとユーザーの評価が変わる

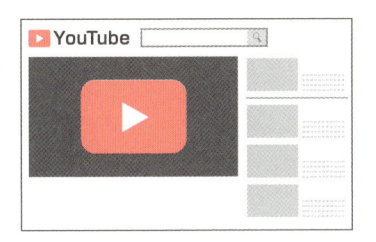

1分の長さの動画	
総再生時間数	10分
平均再生率	95%
アルゴリズムからの評価	総再生時間数が短い
ユーザーからの評価	短いからよく分からない

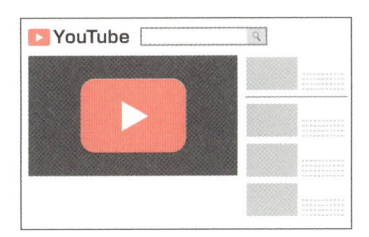

20分の長さの動画	
総再生時間数	50分
平均再生率	20%
アルゴリズムからの評価	平均再生率が低い
ユーザーからの評価	長すぎて飽きた

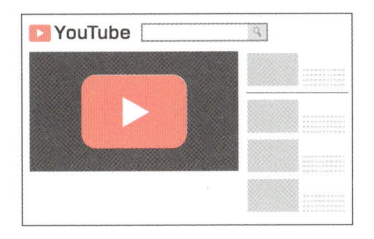

6分の長さの動画	
総再生時間数	75分
平均再生率	55%
アルゴリズムからの評価	総再生時間数・再生率共に高い
ユーザーからの評価	内容がまとまっていて良かった

ユーザーの視聴目的と動画の内容を一致させることが一番大切である。そのうえでアルゴリズムに評価されやすい長さの動画を制作することで総再生時間数と平均再生率が高まり、視聴回数を底上げできる可能性が高まる。

How To動画は視聴回数が伸びやすいのか

　企業が比較的多く公開する動画の中に、「How To動画」と呼ばれるカテゴリがあります。How To動画とは、商品やサービスの使い方や、何か目的に達する手順を解説する動画のことです。

　How To動画の視聴回数が伸びやすいことは事実ですが、それはHow To動画だからというわけではありません。ユーザーの明確な目的と、How To動画を作る上で必要となる動画の長さが関係しています。何か手順を説明するときは、一つひとつの行程を丁寧に説明する必要があります。脱着や接合など手順を細分化し、かつナレーションやテロップを入れることで、動画は長くなっていきます。すると、イメージ訴求を目的とした1分程度のブランディング動画などと異なり、動画はある程度の長さとなります。この長さが「総再生時間数」を増加させることになり、YouTubeのアルゴリズムは再生された時間数を参照するために、その動画を良質なコンテンツであると判断しやすくなるのです。

　ユーザーは使い方や手段を探して検索を行い、目的とする動画を発見すると視聴を始めます。つまりHow To動画は、公開しただけで自然とYouTube検索での表示回数が増加しやすいのです。ユーザーに明確な目的があることで、ブランディング動画など視聴目的が漠然とした動画よりもHow To動画の方がクリック率が高まるということも、視聴回数が伸びやすくなる一つの要因です。表示に対するクリック率が増加すると、YouTubeのアルゴリズムは積極的に動画を表示するようになります。また、YouTube検索で流入したユーザーは、明確な視聴目的があるため、最後まで動画を視聴する可能性も高くなります。すると、視聴者維持率が高まり、これもYouTubeのアルゴリズムから良い評価を受けやすくなるのです。

　総再生時間数が長く、YouTube検索での表示により高いクリック率を獲得し、さらに視聴目的が明確なために視聴者維持率も高くなる。これがHow To動画の視聴回数が伸びやすくなるといわれる理由です。とはいえ、どんな動画でも手順を説明すればよいわけではありません。視聴回数の母数となるのは表示回数であり、表示はユーザーが検索することで初めて得ることができます。つまり、ニーズの無い手順については、どのような動画を公開したとしても視聴回数が伸び悩む可能性があります。どのような手順をユーザーは検索しているのか、どのようなキーワードを入力するのかといった調査が、動画を制作する前に必要です。ニーズが多い手順の動画から制作することが、視聴回数を効率良く増加させるポイントとなります。

► Chapter 3

YouTube動画SEO
──再生数アップのカギを握るアルゴリズムの仕組み

　YouTubeにおけるアルゴリズム最適化は、動画を見たいユーザーに動画を届けるという一点につきます。YouTubeはユーザーの動画に対するさまざまな反応を基に、1本の動画を誰に表示するかを決めています。したがって動画を公開する立場としては、「誰に視聴されるようにデータ設定するか」が最も重要となります。

　本章では、YouTube上でのアルゴリズム最適化の全体像について説明します。

1 何のためにアルゴリズム最適化を行うのか

- YouTube上では動画が公開されたことを誰も知らない
- アルゴリズム最適化はターゲットユーザーに最後まで視聴してもらうことが目的
- 動画を誰に表示させ、誰に表示させないかを決めることが重要

▶ なぜアルゴリズム最適化を行うのか

映画は公開日や上映時間が決まっています。どこの映画館でどのような映画が上映されているかも調べればすぐにわかります。テレビ番組も同様に、放送される日付や時刻が決まっており、そうした情報を手に入れるのは簡単です。

しかしYouTubeの場合は、動画が公開されたことを不特定多数のユーザーに伝える手段が存在しないため、誰がどのような動画を公開したのかを知ることができません。そのため動画を公開したとしても、YouTubeに毎分公開されている大量の動画の中に埋もれてしまい、結果としてユーザーからの視聴が得られない状態となってしまいます。そこでアルゴリズム最適化により、動画を埋もれさせることなく、ユーザーにきちんと視聴してもらうようにするのです。

▶ 誰が視聴するための動画かを決める

商品やサービスには、ターゲットとなるユーザーがいます。商品やサービスはユーザーの課題や悩みを解決するために制作されるものであり、ユーザーは課題や悩みを解決するために商品やサービスを購入します。動画も同様です。すべての動画にはターゲットユーザーが存在し、誰がどのような目的で視聴するのかを決めた上で制作します。

YouTube上に動画を公開する際に最も重要なことは、想定したユーザーにきちんと表示されることです。単に多くのユーザーに表示されればよいわけではなく、動画を視聴したいと考えるユーザーに適切に表示され、最後まで視聴してもらうことが重要です。したがってアルゴリズム最適化を行う上で最初に行うべきは、「誰に表示され、誰に表示されないか」を明確化することとなります。

基本的なアルゴリズム最適化の目的は動画を最後まで視聴してもらうこと

公開する動画

最適化

色んな人に
見てほしい

料理動画

最適化

料理好きにだけ
見てほしい

動画を公開する人

×

○

動画を公開する人

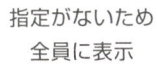 YouTube
アルゴリズム

指定がないため
全員に表示

平均再生率：36%

料理に興味がある
ユーザーに表示

平均再生率：62%

ユーザー属性	興味カテゴリ	興味度	再生率
50代男性	DIY、車	低	20%
20代女性	料理、健康	高	75%
30代男性	アウトドア	中	45%
10代男性	テレビ、映画	低	5%

ユーザー属性	興味カテゴリ	興味度	再生率
30代男性	アウトドア	中	45%
40代女性	健康、食事	高	80%
30代女性	料理	高	85%
20代男性	DIY	中	40%

表示するユーザーがターゲットと異なることで動画の平均再生率が変化する。

Chapter 3
2 アルゴリズムが好む動画とは

- アルゴリズムは文脈で動画を判断することはできない
- 動画の内容をアルゴリズムに伝えるためにデータ設定が必要
- アルゴリズムは短い動画よりも長い動画を好む

▶ アルゴリズムに動画の内容を伝える

　人は動画を視聴したときに、その動画がどのような内容であるかを、映像に含まれる文脈から汲み取ることができます。しかしアルゴリズムは、文脈から内容を推察して、どのような内容なのかを判断することはできません。そこでアルゴリズムに動画の内容を伝えるために、基本的には**文字と設定**を使います。タイトルの設定や概要欄、タグ、動画のカテゴリなど、設定すべき項目は多岐にわたります。

　各動画の内容に合わせた**データ設定**をきちんと行うことで、アルゴリズムはその文字と設定から、動画を視聴する可能性の高いユーザーに表示してくれます。アルゴリズムは、動画を視聴したユーザーの再生時間をデータとして収集し、長く再生したユーザーの傾向を把握します。そして、その動画をまだ視聴しておらず、長く再生したユーザーの傾向と似ている他のユーザーへ、その動画を表示するようになります。

▶ アルゴリズムが好む動画の長さ

　データ設定だけでなく、アルゴリズムが好む動画も存在します。それは**長い視聴時間を獲得した動画**です。「視聴時間が長い」ということと、「長い動画が良い」ということは切り分けて考えなければなりません。どれだけ長くとも、ユーザーからの視聴が維持されなければ意味をなさないということです。最後まで視聴されるために動画を短くするべきという考え方もありますが、長くても視聴される動画であれば、長くても問題はありません。アルゴリズムへの最適化の観点から見ても、長い動画の方が短い動画よりも有利であることがいえるのです。

　短い動画よりも長い動画の方が、ユーザーに伝えるべきメッセージがきちんと伝わります。動画は情報伝達の手段であるため、情報の受け手であるユーザーに正確かつ十分な情報を伝達することが動画の基本的な目的でもあります。長さということだけを重視するのではなく、ユーザーへの十分な情報伝達を重視することが大切です。

適切なデータ設定によって動画の内容をアルゴリズムに伝える

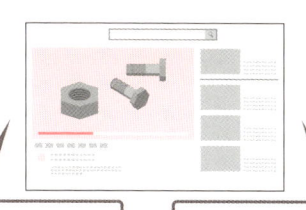

タイトル：EX100の使い方
概要欄：（空欄）

最適化されていないデータ設定

タイトル：はめたネジを外す！
EX100の使い方
概要欄：この動画ではなめてしまった
ネジをEX100で外す方法を紹介します

最適化されたデータ設定

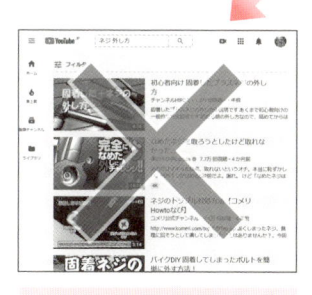

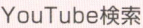

YouTube検索

YouTube検索

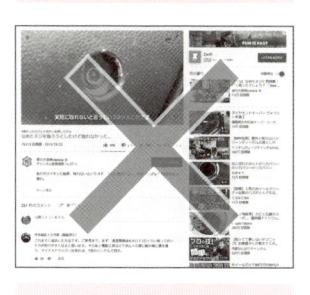

関連動画

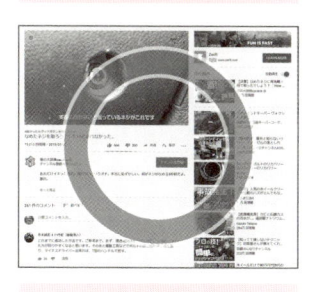

関連動画

アルゴリズムは動画から内容を汲み取ることはできないため、代わりにタイトルや概要欄の文字情報から動画の内容を把握し、YouTube検索や関連動画へ表示させる。

動画広告とは

- 動画広告とは動画の視聴中に差し込まれる動画
- 細かなターゲティングができる
- 動画広告は短期決戦のプロモーションに向いている

▶ 動画広告とは何か

　動画の活用というと、まず思い浮かぶのが**動画広告（TrueView広告）**です。YouTubeで何か動画を視聴しているときに、その動画の開始時や途中で流れる広告の動画です。スキップができるもの、できないものなどさまざまな種類があります。動画広告の配信を許可するかどうかは動画を公開しているユーザーに選択権がありますが、広告を実際に配信するかどうかはYouTubeに選択権があります。

　動画広告は、指定したターゲットユーザーに配信することができます。ターゲットの設定は、年齢や性別、ユーザーの興味や関心など詳細に行うことが可能です。たとえば20代の女性向けにランニングシューズの動画広告を配信したい場合、広告を配信する対象を20代、女性と設定した上で、ランニングやフィットネスに興味があるユーザーに表示するよう設定できるだけでなく、健康に興味があるユーザーに表示するよう設定することもできます。

▶ 動画広告の良さ

　動画広告の良さは「短期決戦に向いている」ことです。たとえば動画の公開から1週間以内にとにかく多くのユーザーに認知させたい場合、動画広告は確実に視聴を獲得することができます。そのため、テレビCMなどを動画広告として使用する企業が数多くあります。

　しかしながらユーザーの視聴を獲得できても、ユーザーを商品のWebサイトなどへ誘導するためには、動画広告の設計に工夫が必要です。ターゲットユーザーの興味関心を引きやすいシーンを動画冒頭に入れたり、最も伝えたいメッセージをどのタイミングで訴求するのかといった動画自体の設計が重要となります。こうした工夫により、動画広告でユーザーの認知を獲得し、そのままWebサイトへ誘導することができます。

動画広告は選定したターゲットに期間と予算を限定して動画を表示することができる

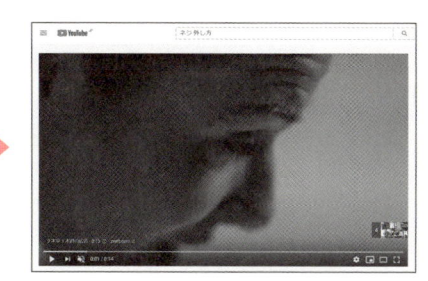

動画広告

広告の
ターゲット
設定

● 女性
● 20代
● 東京都在住
● ファッションが好き

30代女性

20代女性

20代女性

20代男性

2019 令和1

9

1	2	3	4	5	6	7
8	9	10	11	12	13	14
15	16	17	18	19	20	21
22/29	23/30	24	25	26	27	28

配信期間：7日間
広告予算：50万円

広告期間

動画広告は配信期間と広告予算
を決めて、ターゲットユーザー
からの視聴を確実に獲得できる。

アルゴリズム最適化と動画広告の違い

● コンテンツとしてユーザーに動画を視聴してもらうこと
● 視聴回数を継続的に増加させるための施策
● 普遍的な企業情報の訴求や広告に不向きなメッセージの伝達に向いている

▶ コンテンツとして視聴されるアルゴリズム最適化

　アルゴリズム最適化は、「他人の動画」で再生される動画広告とは異なり、**自然流入**により「自分の動画」の視聴回数を増加させる施策です。自分の動画を**動画コンテンツ**として、ユーザーに能動的に視聴してもらうものです。たとえば、検索順位の上位に表示させたいキーワードでユーザーが検索したときに、自分の動画がきちんと表示されるように設定したり、自分の動画と似ている他人の動画に関連動画として表示させることで、検索以外の自然流入を獲得することを目的とします。

　動画広告は、一時的な視聴回数の増加を目的としたもので、予算や日数に限りがあるため、獲得できる視聴回数にも限界があります。一方、アルゴリズム最適化は、一定の視聴回数を定期的に確実に獲得することを目的として、長期的に継続して行う施策です。自分のチャンネルで公開しているすべての動画を使って、ユーザーの興味や関心を惹くようにします。

▶ 動画広告の良さとアルゴリズム最適化の良さ

　動画広告とアルゴリズム最適化には、それぞれの良さがあります。動画広告の良さは、限定的な期間に集中して多くのユーザーにアプローチできる点です。期間限定の商品やサービス、または季節性の高い動画を配信し、とにかく多くのユーザーの目に触れる機会を獲得します。

　アルゴリズム最適化は、期間に左右されず、普遍的な内容を含む動画に対して行うことに向いています。たとえば商品の使用方法や提供しているサービスの魅力など、短期間で変わることのない内容の動画に対して行います。こうしたメッセージは、広告としては打ちにくい側面もあります。商品やブランドの認知度を高めるためには動画広告を用いて、ブランド価値や商品価値の理解を促すためにはアルゴリズム最適化を行うといった使い分けが必要となります。

アルゴリズム最適化は動画コンテンツとしてユーザーに視聴される

トップページ

YouTube検索　　　　　　　　　　関連動画

アルゴリズム最適化による視聴は、ユーザーが自分からクリックして視聴するため
ユーザーからの関心を得られやすく動画コンテンツとして視聴される。

5 何をアルゴリズム最適化するのか

- コンテンツの最適化とデータの最適化を行う
- チャンネル全体を俯瞰視することが重要である
- 動画単位でターゲットユーザーにむけたデータ設定を行う

▶ コンテンツとしての最適化

　アルゴリズム最適化には、チャンネル内でどのような動画を提供するのかという**コンテンツとしての最適化**と、チャンネルや動画にどのようなデータ設定をするのかという**データとしての最適化**があります。コンテンツとしての最適化は、チャンネルとしてどのような情報を提供するのかを明確にした上で、アルゴリズムが好みやすい動画を設計、制作します。

　ユーザーは何かをきっかけとして商品やサービスを探し始めますが、最初は漠然としたキーワードで情報収集することが多いでしょう。たとえば、新しいスマホが欲しいときは、「スマートフォン　おすすめ」と検索して大まかな情報を得たのちに、「iPhone」や「Android」で検索したり、カメラの性能の違いを検索したりします。そこで、チャンネル内に、ユーザーが求める情報を広いテーマから狭いテーマまで網羅し、広いテーマの動画を視聴したユーザーを狭いテーマの動画に誘導して、商品の購入や問い合わせにつなげるようにします。このように、チャンネル全体の設計を行い、各動画の役割を明確にすることがコンテンツとしての最適化です。

▶ データとしての最適化

　一方、アルゴリズムと直結する施策が**データとしての最適化**です。公開直後の動画は視聴データがないため、動画に設定されているデータを参照することで、どのようなユーザーに動画を表示すればいいかを徐々に学んでいきます。データ設定を適切に行うことで、動画を公開したばかりであっても、適切なユーザーに表示され、彼らの視聴データを動画に蓄積することで、アルゴリズムがユーザーの傾向を把握しやすくするのです。

　データの設定には、自分のチャンネルに対するデータ設定と、それぞれの動画に対するデータ設定があります。チャンネルに対しては、英字でなく片仮名で自分のチャ

ンネル名を設定したり、自分のチャンネルで取り扱うテーマをキーワードとして登録したりすることができます。各動画に対しては、動画を視聴しそうなユーザーが検索する可能性の高いキーワードをタイトルに含めたり、動画のテーマと似ているキーワードをタグとして設定したり、動画で説明している内容を概要欄で改めて設定するといったことが挙げられます。

チャンネルの最適化と動画の最適化に分けられる「コンテンツとしての最適化」

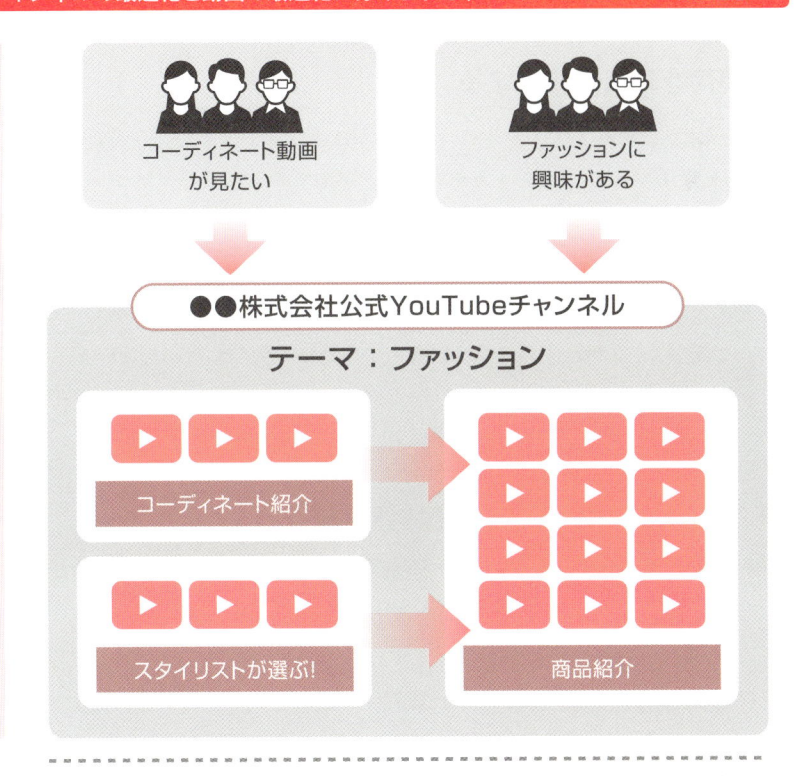

チャンネルの最適化

コーディネート動画が見たい

ファッションに興味がある

●●株式会社公式YouTubeチャンネル

テーマ：ファッション

コーディネート紹介

スタイリストが選ぶ!

商品紹介

動画の最適化

動画の長さの最適化

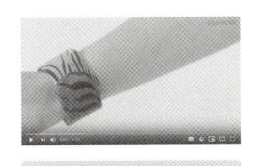

ユーザーを惹き付ける【フック】

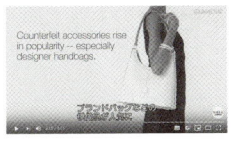

伝えるべきメッセージ

他の動画の視聴を促す

アルゴリズム最適化の全体像

- チャンネルを運用するという考え方を持つ必要がある
- 視聴回数が伸びない動画に対して継続的な改善を行うことがアルゴリズム最適化
- 視聴状況を把握し、視聴データを基に継続的な動画制作を行なう

▶ 運用を軸に最適化する

　企業がYouTubeプラットフォームを活用する上で、まず必要な認識が**チャンネルと動画を運用する**ことです。「チャンネルを運用する」とは、どんなユーザーにどんな動画を提供するか方針を決めて、それに基づいて動画を制作することです。制作後は、チャンネル全体として視聴回数の多い動画を把握することです。

　「動画を運用する」とは、「どのような動画が誰にどの程度視聴されているのか」「どのシーンが人気なのか」「ユーザーはどのようにして動画を視聴しているのか」を把握することです。そして、適切なユーザーに表示されていない場合は、データ設定を改善するなどして、視聴回数を増加させるための施策を継続的に行うことです。

▶ アルゴリズム最適化の全体像を知る

　動画を公開した後に、想定よりも視聴回数が伸びないこともあります。なぜ視聴回数が伸びないのかを探ることは、アルゴリズム最適化の施策の一つです。視聴回数が伸び悩む場合、動画に問題があるのではなく、設定されているデータに問題があるかもしれません。「ユーザーはどのような経路で動画を視聴しているのか」「どんなキーワードで検索したユーザーが長く動画を視聴しているのか」などを把握して、その視聴データを基に現在のデータ設定を見直すことが必要です。

　チャンネル全体として見たときに、「どのような年齢層がチャンネルを視聴しているのか」「性別に偏りはあるのか」「どのような動画が人気なのか」を調査し、どんな動画を制作すべきかを考えることもチャンネル運用の一つです。集められた視聴データを基に動画を制作し、公開することで、「ターゲットとしたユーザーからの視聴が獲得できているか」「想定した経路でユーザーが視聴しているか」なども計測する必要があります。チャンネルの状況と動画の視聴状況を把握して、制作と改善を継続することが最適化の全体像となります。

チャンネルデータの最適化

データの名称	表示／設定場所	設定による効果・理由
チャンネルアート	チャンネルページの上部に表示される画像	チャンネルページの見た目が映える他、新商品画像を設定することで新商品の訴求を行うことができる。
チャンネルアイコン	YouTube検索や動画視聴時にチャンネル名の左隣に表示される画像	デフォルトのままではチャンネル名の頭文字が表示される。ロゴなどを設定する企業が多い。
チャンネルホーム画面のレイアウト	チャンネルページの「ホーム」タブ	新規ユーザー向け、チャンネル登録者向けに動画をそれぞれ設定することができる。ユーザーに合わせた動画訴求が可能。再生リストの表示により、どんな情報を提供するチャンネルかをユーザーに訴求することができる。
再生リスト	チャンネルページの「再生リスト」タブ	シリーズ化した動画を一覧で表示できる。再生リストでユーザーが検索した時、検索結果に表示されるため、リーチの幅も広がる。
概要	チャンネルページの「概要」タブ	チャンネルの説明を行うことができる。Webサイトのリンクを設置することも可能。
キーワード	YouTube Studioの「設定」から「チャンネル／基本情報」	チャンネル名以外の検索キーワードでユーザーが検索した時に検索結果に表示される。
ブランディング	YouTube Studioの「設定」から「チャンネル／ブランディング」	動画の視聴中、動画の右下にチャンネルアイコンが表示され、そこからチャンネル登録を行うことができる。全ての動画に反映される。

動画データの最適化

データの名称	表示／設定場所	設定による効果・理由
タイトル	YouTube検索結果画面、関連動画、トップページなど動画を視聴する前に表示される。	ユーザーの検索キーワードを含むことでYouTube検索時に検索結果に表示される。ユーザーに文字情報として動画を説明できる。
説明	動画視聴時に動画の下に表示される。URLを記載することでWebページへ誘導することも可能。YouTube検索結果画面でも表示されるが、スマートフォンでは表示されない。	ユーザーの検索キーワードを含むことでYouTube検索に検索結果画面に表示されやすくする。長い動画の場合、タイムコードを入力することで、ユーザーが直接タイムコードのシーンから視聴を開始することができる。
タグ	YouTube Studioの詳細から設定。ユーザーには表示されない。	他の動画が設定しているタグと類似させることで関連動画に表示されやすくなる。タグが多すぎたり、関連性の無いタグを入れるとスパム扱いされる。
サムネイル	YouTube検索結果画面、関連動画、トップページなど動画を視聴する前に表示される。	ユーザーを視覚的に惹き付ける要素。視聴を開始する理由にもなり、クリック率にも影響を与える。「カスタムサムネイル」を利用することで任意の画像を設定することができる。
再生リスト	YouTube Studioの詳細から設定。	シリーズ化動画の公開時に、再生リストに追加することで動画をシリーズ化動画の一部とすることができる。
カード	動画再生時に右上に表示される。	他のオススメ動画やアンケートを取ることができる。Webサイトへのリンクを設置することもできるが条件を満たす必要がある。
終了画面	動画終盤に他の動画やチャンネル登録ボタンを表示。	他の動画やチャンネル登録を促すことが可能。

YouTubeチャンネルの最適化

- 運用を前提としたチャンネル設計が重要
- ユーザーには「何のためのチャンネルか」を伝えることが大切
- 販売へ繋げるためにチャンネル設計を行う必要がある

▶ 運用を前提としたチャンネル設計の重要性

　ユーザーはまず1本の動画を視聴し、気に入れば同じチャンネルで公開している他の動画を視聴します。数本視聴してそのチャンネルを継続的に視聴したいと思えば、**チャンネル登録**を行います。しかしながら、最初に視聴した動画とチャンネル内で公開されている他の動画にコンテンツとしての関連性が無かった場合、そのチャンネルに何を期待すればよいかが不明確になるため、ユーザーは離れていってしまいます。

　YouTubeチャンネルには、ある一定のテーマが必要です。チャンネルに一貫したテーマがあることで、ユーザーは「何のためのチャンネルなのか」を把握しやすくなります。公開されている動画のテーマがバラバラであったり、ユーザーにとって有益となる情報がない場合は、そのチャンネルの動画を継続的に視聴する必要性が無いため、よほど企業のファンでない限り、チャンネル登録者の増加は困難となります。

▶ 販売へ繋げるためのチャンネル最適化

　Webサイトを制作するときは、コンテンツ配信の方針を決めて、それに沿って運用します。YouTubeにおいても、チャンネルを制作するときに、方針を明確にすることによって、どのような動画を制作すべきかも自ずと決まってきます。チャンネルの運用方針を決めるときは、ユーザー主体で考え、彼らが何を求めており、どのような情報提供が彼らにとって有益なのかを軸に考える必要があります。

　チャンネル設計において重要なことは、企業の目的である「販売」へいかにユーザーをつなげるかです。企業の公式チャンネルでよくある動画が**使い方動画**です。商品の使い方を説明している動画ですが、これは商品を購入する直前のユーザーや、すでに商品を所持しているユーザーにとっては有効ですが、商品に興味を持っていないユーザーには有効ではありません。企業はユーザーの置かれている状況や商品に対する興味の度合いに合わせた動画を展開することが必要です。

悪いチャンネル設計と良いチャンネル設計の例

悪い例 YouTubeチャンネル

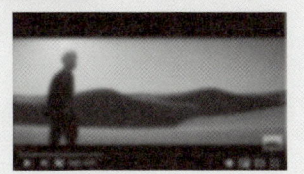
TVCM

商品紹介

インタビュー

イメージ動画

動画のテーマに一貫性がないため何のチャンネルかわからない。

良い例 YouTubeチャンネル

料理のコツ動画

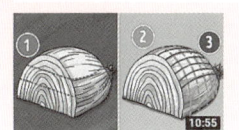

レシピ動画

商品の使い方

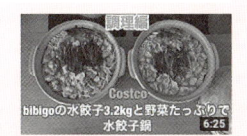

それぞれの動画にテーマがあるためどんな情報提供を行うチャンネルかが分かりやすい。

8 動画の最適化

- 動画を作る前から動画の最適化は始まる
- 動画編集もアルゴリズム最適化の一部である
- 長い動画を制作するための工夫が必要

▶ 動画の流れによる最適化

　チャンネル設計によってどのような動画を作るべきなのかが決まると、次はその動画を実際に制作する段階に入ります。ここで重要なことが**動画構成**です。動画構成とは、伝えるメッセージの「起承転結」を設計することです。なぜ視聴しているのかというユーザーの視聴目的を中心に、どのような構成で、何を伝えるのかを明確化することが必要となります。

　動画の編集もアルゴリズム最適化と間接的に関連します。スマートフォンからの視聴が多いのか、パソコンからの視聴が多いのかで、文字の大きさなどが決められます。チャンネル内ですでに公開されている他の動画へユーザーを誘導する場合、動画構成の段階でどのように誘導するかを決定しておく必要があります。さらに、**終了画面**を活用する場合は、最後のシーンをどのように終えるのかもあらかじめ決めておくことが重要です。

▶ 動画の長さによる最適化

　動画をどの程度の長さとするのかも、あらかじめ想定しておく必要があります。アルゴリズム最適化の観点からみて、アルゴリズムが総再生時間数を重視している以上、短い動画では最適化の効果が出にくくなってしまいます。どの程度の長さにするのか、そしてどのようにして比較的長い動画を作るのかについても検討する必要があります。

　動画は長い方がアルゴリズムが好みやすくなる傾向にありますが、最後まで視聴されなければ伝えるべきメッセージがユーザーに伝わらず、さらにアルゴリズム最適化の点からみても良い結果を出さない可能性が高まります。アルゴリズムはユーザーがどの程度最後まで視聴しているのかを重視するため、ユーザーを最後まで惹き付けるための工夫が重要となります。

https://www.youtube.com/watch?v=4v1n9z5E7lc

チャンネルデータとしての最適化

- チャンネル自体にもデータ設定ができる
- チャンネル名やタグなどのデータを設定する必要がある
- チャンネルページをカスタマイズしてチャンネルの方針をユーザーに訴求する

▶ チャンネルデータの最適化

　YouTubeチャンネルには、そのチャンネル自体にデータを設定することができます。チャンネルデータの中で重要なのが**チャンネル名**です。YouTube検索で企業名を入力したときに、きちんと企業の公式YouTubeチャンネルが検索の上位に表示されるためにも、ユーザーがどのような検索キーワードで企業名を調べているかを把握した上で、チャンネル名を決定する必要があります。

　チャンネルデータにはその他にも、チャンネルに対して**タグ**を付けることができます。たとえチャンネル名にユーザーの検索キーワードが含まれなかったとしても、タグにキーワードが含まれていれば、検索結果に表示される可能性は高まります。また、検索対策だけでなく、動画の中でユーザーがチャンネル登録をしやすくするための設定も重要です。この設定は**動画の透かし**と呼ばれ、動画を視聴中に右下に表示されるチャンネル登録ボタンの設定です。チャンネル登録ボタンは、動画のどの位置に表示させるのかを選択することができます。

▶ チャンネルページの最適化

　YouTubeチャンネルに興味を持ったユーザーは、そのチャンネルが他にどのような動画を公開しているのかを調べることがあります。そのときユーザーが閲覧するのが**チャンネルページ**です。チャンネルページとは、YouTubeチャンネルがどのような動画を公開しているのかをまとめたWebページのことです。

　チャンネルページでは、ユーザーのチャンネル登録状況に合わせて、見て欲しい動画をチャンネルページ上で設定することが可能です。その他にも、再生リストを作成してチャンネルページ上でそれらの動画を一覧で表示させることで、どのような動画を公開しているチャンネルなのかをユーザーに訴求することもできます。

動画視聴中にチャンネル登録ができる「動画の透かし」の設定

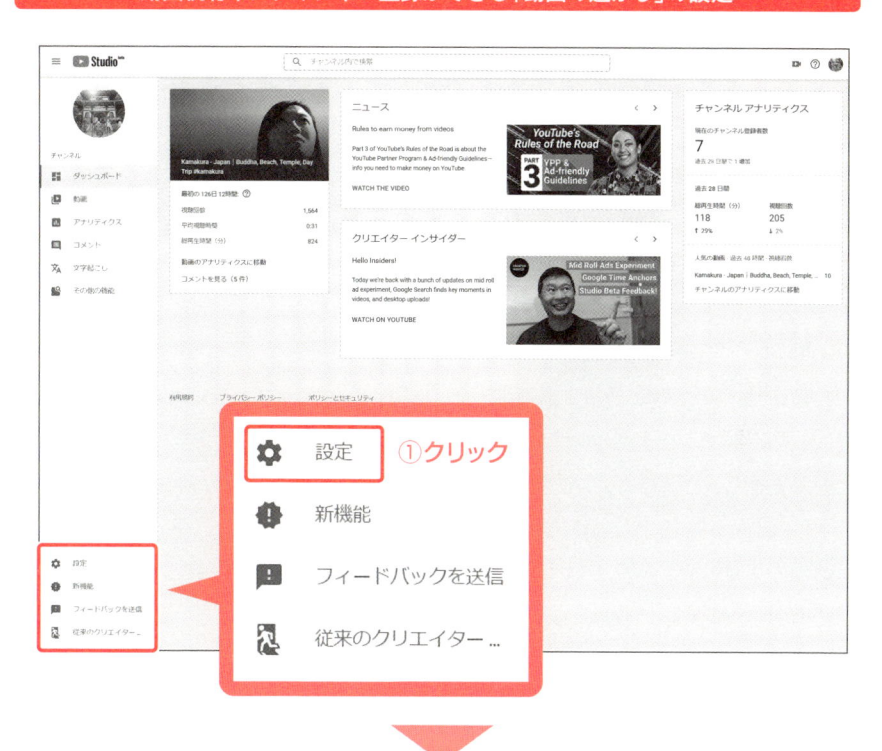

10 動画データとしての最適化

- ●動画のデータ設定によって誰に表示させるべき動画かをアルゴリズムが判断する
- ●自然流入によって視聴回数を増加させることで単なる動画の保管庫ではなくなる
- ●ターゲットユーザーの視聴状況を考えたデータ最適化が必要

▶ 動画データの重要性

　動画には、タイトル、タグ、概要欄、サムネイル、言語、ジャンルなど、さまざまなデータを設定できます。アルゴリズムは、動画を見てその内容を完全に把握することはできません。そのため、これらのデータ設定を参照することで、誰にどの動画を表示すればよいかを決定しています。

　動画のクオリティの高さは「どれだけ最後まで見たいと思うか」というユーザーの視聴モチベーションに直結しますが、それ以前に、動画はユーザーへ表示されることで初めて視聴されます。つまり、まずはユーザーにきちんと表示されるためにデータ設定が必要になるのです。YouTubeを動画の保管庫として利用するのではなく、自然流入を増加させることでより多くの潜在顧客へアプローチするのであれば、このデータ設定が重要となります。

▶ 動画データの最適化

　動画データの最適化としてまず挙げられることが、動画の**タイトル**です。特定の動画を視聴したいと思うユーザーが、どのようなキーワードで検索する可能性があるかを想定して、タイトルを決定することが大切です。ただし、アルゴリズムのためだけにタイトルを設定すると、今度はユーザーにとって不自然なタイトルとなってしまいます。ユーザーが見ても自然で、アルゴリズムも理解しやすいタイトル付けが必要です。

　動画には「タグ」や「概要欄」など、アルゴリズムに動画の内容がどのようなものかを理解させるためのデータ設定もできます。ほかにも、**再生リスト**を作成している場合は、「どの再生リストに含むか」といった設定も可能です。細かい設定では、「コメントをどのように処理するか」「動画の撮影場所はどこか」などがあり、それらを一つひとつ設定することで、アルゴリズムに少しでも動画の内容を伝えることができます。

動画の基本的なデータ設定画面

動画制作を行う前に
やるべきこと

Chapter 3
11

- キーワードの検索量を調査することが重要
- すでにどのような動画が公開されているかを調べる
- ユーザーがどのようなフレーズで検索しているかを知る

▶ キーワードリサーチの重要性

どれだけデータ設定にこだわったとしても、そのキーワードが検索されていなけれ
ば、もしくはそのキーワードと関連する動画の量が少なければ、表示機会の母数が少
ないために、表示される回数も少なくなってしまいます。そうならないために必要な
ことが、キーワードのリサーチです。これはチャンネル設計の段階で調査し、どのよ
うな動画を展開していくかを決める際にも重要な指標の一つとなります。

キーワードを調べることで、どのような動画がすでにYouTubeへ上がっているの
かを把握することができます。「どのような動画が視聴回数が多いのか、または少ない
のか」「どのような動画がユーザーからのアクションである評価やコメントを集めてい
るのか」を調査し、傾向を把握することは、より視聴回数を獲得しやすい動画を制作
するためのヒントとなります。

▶ ユーザーはどんなキーワードで検索しているのか

YouTubeの検索ボックスにキーワードを入力してスペースを入れると、そのキー
ワードを含むユーザーから検索されているさまざまな**フレーズ**が表示されます。これ
らのフレーズがユーザーが比較的多く検索しているキーワードとなるので、どのよう
なキーワードで検索をしているのかを調査する際に役立ちます。

ユーザーが比較的多く検索しているフレーズで実際に検索をした際に、どのような
動画が表示されるかも、動画制作を行う前にすべきことです。単に視聴回数が多いも
のを見るのでは、ユーザーのニーズの傾向は把握しづらくなります。そのチャンネル
が持っているチャンネル登録者数が多いために、視聴回数が多いという可能性もあり
ます。もしくは動画広告を配信したために、視聴回数が多いのかもしれません。ユー
ザーからのアクションとチャンネル登録者数、そして視聴回数を総合的に判断して、
そのキーワードに対するユーザーニーズの傾向を把握する必要があるのです。

「鎌倉」をターゲットキーワードとした場合のYouTube検索結果

Column 情報収集を目的とするユーザーのYouTubeの使い方

　YouTubeは、携帯端末でユーザーが何を動機としてYouTubeを視聴するかをまとめた文書を公開し、その中で「情報的コンテンツの視聴動機」について報告しています。

　情報的コンテンツの視聴動機としてまず挙げられるのは、自己の能力開発です。動画で何か仕組みや学問を学ぶなど、特定のテーマについて情報収集を行うユーザーは、情報的コンテンツを視聴するすべてのユーザーの41.8％を占めています。

　彼らは一人で動画を視聴する傾向にあり、知りたいテーマは明確だが、何から手を付けてよいかがわからず、漠然としたキーワードで検索を行う傾向があります。特定のテーマを扱う動画は数多く存在しますが、多くは断片的で、1つの動画ですべてがわかるものは少ない傾向にあるからです。そのためユーザーは、どの動画をどの順番で、どのように視聴すればよいか判断がつきません。実際26.4％のユーザーは、YouTubeと検索エンジンの両方を使って情報収集を行っています。

　企業も商品やサービスの事前知識を公開していることがありますが、それらの多くはWebサイトのSEO対策として、ホームページ上で展開しています。Web上で検索されているということは、動画のニーズも高いと考えられます。このような動画を作成する場合は、まず大きなテーマを決めて、要素を分類しナンバリングしてシリーズ化します。こうすることで、「どの順番で視聴してよいかわからない」という問題を解決することができます。企業が知識的情報を提供する場合は、テーマに関してシリーズ化した動画を提供することで、ユーザーのニーズを満たすことができます。

　情報的コンテンツとしては、How to動画もその分類に含まれます。How to動画の場合、ユーザーには明確な視聴目的があるため、自己能力の開発を目的とするユーザーとは検索の仕方が異なります。How to動画を求めるユーザーは視聴目的が明確であっても、YouTubeに動画が数多く存在するために、適切なものがわからないと感じる傾向にあるといいます。そのために33.5％のユーザーが、動画とWebの両方をダブルチェックしながら情報を集めています。

　How to動画のユーザーニーズとしては、「チャプター毎に分けられている」ことが挙げられます。手順が長い場合は、最初から進めたいユーザーもいれば、途中まではできているので、そこから先を知りたいといったユーザーもいます。そのため、手順が長い場合は、段階ごとに動画を分け、ユーザーの状況に合わせて情報提供を行うことが必要です。「終了画面」を使うことで、次に視聴すべき動画を提案できるので、他チャンネルへの流出も回避できます。

► Chapter **4**

企業のチャンネル運用

──ブランド認知と販売促進のための顧客誘導

　企業が運用するYouTubeチャンネルは、動画の保管庫として利用されているケースが多いですが、YouTubeチャンネルはWebサイトと同様に運用する必要があります。運用にあたって、「目的は何か」「どのような情報を発信するのか」といったチャンネルの設計を行い、目的や方針などを明確化する必要があります。本章では、企業のチャンネル設計を中心に説明します。

Webサイト運用と
チャンネル運用

- Webサイトの設計とチャンネルの設計は似ている
- 誰がどのように視聴するチャンネルであるかを決める必要がある
- Webサイトと同様にYouTubeも視聴データを調査する必要がある

▶ WebサイトとYouTubeチャンネルの設計

　Webサイトを新たに制作するとき、まず考えるのは「誰がどのように使うのか」です。ターゲットにあたる「誰が」については、大きくは性別や年齢で分けられます。男性に好まれるのか、女性に好まれるのかで、デザインの方向性は大きく変わります。年齢によっても、ターゲットの趣向によっても変化します。

　ターゲットユーザーが「どのように使うのか」についても検討します。その上で、「どのコンテンツをどのように見せるのか」「どのような遷移でたどり着くのか」などを検討します。こうした設計は、YouTubeチャンネルも同じです。誰がどのように視聴するチャンネルであるかによって、公開する動画の方向性は異なります。どのように視聴されるチャンネルかをあらかじめ設計することで、制作する動画の方向性も明確になり、各動画の役割も持たせやすくなります。

▶ YouTubeチャンネルの運用とは

　設計だけでなく運用においても、WebサイトとYouTubeチャンネルは類似する点があります。WebサイトはGoogleアナリティクスなどのツールを導入して、どのページがどのように閲覧されているかを把握し、新たにページを作るときに閲覧データを活用します。運用という点では、Webサイトでは定期的に最新情報を掲載したり、特設サイトを公開したりすることが一般的です。

　YouTubeも同様に、YouTubeアナリティクスで視聴データが計測でき、次に制作する動画にデータを活用することができます。運用についても同じで、ユーザーに伝えたい情報を動画で公開することが可能です。YouTubeや動画となると身構えてしまうことがありますが、基本的にはWebサイトの運用もYouTubeチャンネルの運用も、運用の考え方にそれほど違いはありません。

Google Analytics と YouTube Studio の画面

Google Analytics の画面

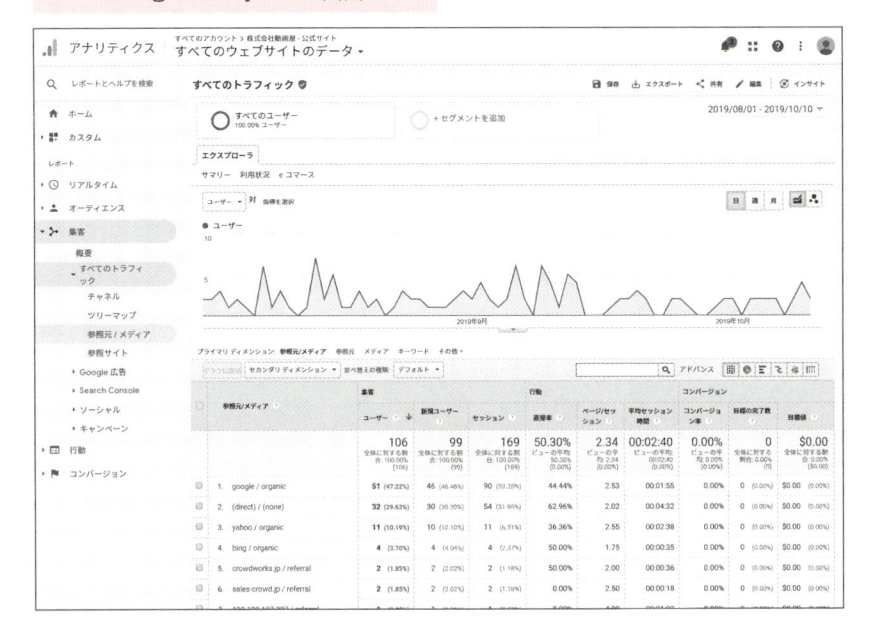

YouTube Studio の画面

ユーザーがYouTube チャンネルに求めるもの

● 動画とチャンネルではユーザーが起こせるアクションの選択肢が異なる
● チャンネルの評価は公開されている動画全体から受ける
● ユーザーはチャンネルに特定のニーズの充足を求める

▶ 動画に対する反応とチャンネルに対する反応の違い

　動画に対するユーザーの反応は非常にシンプルで、興味があれば視聴を続け、無ければ離脱します。動画を気に入れば「高評価」のボタンを押し、無関心であれば何もアクションを起こしません。動画に対して意見がある場合にコメントをすることもあれば、誰かに共有したいと思えばSNSで共有することもあります。このように、動画に対するユーザーの反応は目に見えて返ってきます。

　一方、チャンネルに対するユーザーの反応は動画と比較して見えづらい部分があります。ユーザーはチャンネル内の動画を1本視聴したからといって、他の動画を視聴するとは限りません。今あるニーズだけを満たすために動画を視聴し、それが満たされれば他の動画を視聴する理由がなくなるからです。しかしチャンネルに対する興味を持つ場合というのもあります。チャンネル登録者を獲得しているチャンネルがあるように、ユーザーは何かがきっかけとなってチャンネル登録を行うのです。

▶ ユーザーはチャンネルに対して「特定の何か」を求めている

　ではユーザーはどのようなきっかけでチャンネル登録を行うのでしょうか。それはユーザーの求める「特定の何か」を満たしてくれるかどうかによって判断される傾向にあります。ユーザーが継続的に視聴したいと感じる要素がチャンネル内に存在すれば、彼らは次に公開される動画も視聴したいと考え、チャンネル登録を行います。

　たとえば趣味と関連するものは継続的に視聴したいと考えられます。ユーザーが持っている趣味や興味について取り扱うチャンネルは、ユーザーとの共通点が存在するため、動画を視聴することでユーザーにとっても有益となる可能性があります。趣味の知識に関する動画や、自分では行わないけど見てみたいといった動画は、ユーザーのニーズを満たしていると考えられます。こうした動画が複数公開されていることで、彼らが定期的に視聴したいと考える可能性は高まります。

動画はデータとしてユーザーからの反応があるが、チャンネルは登録か削除の2択しかない

動画の反応

● YouTube検索

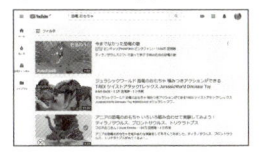

● 関連動画

● トップページ

ユーザーからの反応

評価　コメント　再生率

チャンネルの反応

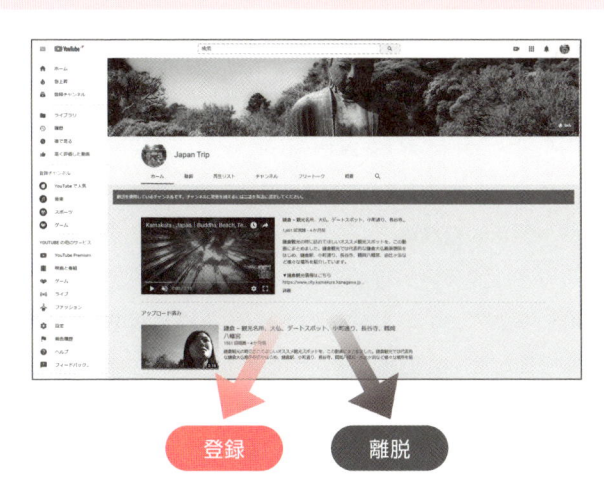

登録　離脱

動画はユーザーからの直接的な評価やコメントなどでどのようにユーザーから判断されているかを読み取ることができる。

チャンネルは登録と離脱のみがユーザーの起こせるアクションのためチャンネルに対するユーザーからの評価を判定しづらい。

チャンネルのテーマを決めることの重要性

- チャンネルのテーマはユーザーとの接点を作るために必要不可欠
- テーマが広すぎるとユーザーは興味が湧きづらくなる
- チャンネルのテーマが登録者へと繋がる

▶ チャンネル運用におけるテーマの重要性

　チャンネル運用において、**テーマ**はユーザーとの接点を作る役割としてとても重要です。テーマは絞れば絞るほど、それを求めるユーザーにとっては有益なものとなりますが、一方でユーザーの母数も少なくなっていくため、広がりに欠けてしまう可能性があります。とはいえ、テーマが漠然としていると、どんなチャンネルなのかがわからなくなってしまうため、これもまたユーザーからの興味を惹きにくくなります。

　たとえば「食事」をテーマとしたチャンネルの場合、範囲が広すぎるとイメージしづらく、興味が湧きづらくなります。しかし「健康的な自炊」というようにテーマを絞れば、たとえば一人暮らしのユーザーが興味を持つ可能性が高まります。このようにテーマを持たせることはとても重要です。テーマを持たせずに動画をさまざま公開しても、ユーザーにとってはチャンネルを継続して視聴する理由が不明確となります。

▶ テーマがチャンネル登録者に繋がる

　YouTube上に数多く存在するYouTubeクリエイターもまた、特定のテーマに絞ることによって、**チャンネル登録者**というかたちで、定期的に視聴するユーザーの数を増やしています。チャンネル内の複数の動画を視聴することで、チャンネルに興味を持ったユーザーは、そのチャンネルが過去にどのような動画を公開しているかを確認します。そして、公開している動画にテーマがあり、そのテーマと自分のニーズが合致したとき、彼らはそのチャンネルを見続けようと考えるのです。

　一方、チャンネルに特定のテーマが無い場合、ユーザーはそのチャンネルに対して何を期待してよいかが不明確と感じます。定期的、もしくは不定期であったとしても、チャンネルが公開している動画にテーマや傾向があり、それを今後も視聴し続けたいと思えば、ユーザーはチャンネル登録を行います。これがチャンネルを運用する上で、テーマを決めることが重要である理由です。

チャンネルのテーマがあることでユーザーの興味を惹きやすくする

● テーマのないチャンネルの例

● 「食事」というテーマがあるチャンネル

チャンネル設計

- チャンネル設計とはテーマを細分化すること
- ユーザーの関心度と動画の専門性を合わせる
- 販売目的のみの動画では視聴回数が伸びにくくなる

▶ テーマに基づいたチャンネル設計

チャンネル内で取り扱うテーマが決まると、制作すべき動画がより具体的になります。企業の場合は事業の規模にもよりますが、おおむね主たる事業内容とそこから派生する事業がテーマとなるでしょう。**チャンネル設計**とは、その決まったテーマをさらに細分化することを意味します。具体的には、ユーザーの関心度に合わせてどのような方向性の動画を制作するかを決めていくプロセスとなります。

企業がYouTube上でプロモーションする上で多いケースが、テーマに関する専門知識や情報をユーザーに伝える動画を制作することです。これは単に専門知識を解説するのではなく、ユーザーと商品やサービスの接点となる事柄を解説項目として、専門知識を伝えるということです。そしてそれらの専門知識の度合いを、ユーザーの関心度の高さと比例させることで、彼らの興味を徐々にチャンネル全体で取り扱っているテーマへ引き込んでいきます。

▶ 企業は認知から販売へつなげることが目的

YouTube上に大量の動画を公開したとしても、それらの動画が商品やサービスの認知度を高め、結果として購買行動へ結びつかないのであれば、何のために動画を作ったのかわかりません。販売目的にテーマを絞り、商品の使い方やサービスの使い方を説明する動画を公開したとしても、それらの動画に興味を持つユーザーは、すでに商品を認知しており、購入の直前である場合も多くあると考えられます。

購入を検討しているユーザーに対して、商品やサービスなどの使い方を説明する動画は決して悪いものではありません。ただし、その動画を視聴しようと思うユーザーの幅は、非常に狭まってしまうことは事実です。そのために、使い方動画を公開している多くの企業が、チャンネルや動画の視聴回数に伸び悩んでいるのです。

テーマを細分化することでチャンネルにユーザーを引き込んでいく

商品の使い方が中心のチャンネル

| フライパンの使い方 | 電子レンジの使い方 | 炊飯器の使い方 |

商品に
対する
興味度

低

「料理」がテーマのチャンネル

●ユーザーにとってフックになる動画

| 一人暮らし必見! 5分でできる自炊料理5選! | 【朝ごはん編】忙しいママのための時短テクニック | 炊飯器でカンタンにできる和食料理5選! |

●商品の使い方動画

| フライパンの使い方 | 電子レンジの使い方 | 炊飯器の使い方 |

高

興味・関心の低いユーザーには、フックとなる動画でチャンネルに対する
関心を持たせ、実用性や商品紹介などの動画により興味関心度を高めてい
く必要がある。

認知目的と販売目的の動画の分離

- 企業チャンネルは認知目的と販売目的の2種類の動画が必要
- 認知目的の動画とはユーザーの課題にヒントを与える動画
- 販売目的の動画とは商品の必要性を訴求する動画

▶ 認知目的の動画とは

　公開する動画のカテゴリは、大きく**認知目的の動画**と**販売目的の動画**の2つに分けられます。認知目的の動画は、商品の購入を促進するためではなく、購入一歩手前のユーザーが抱えている課題や問題について、新たなヒントを与えることを目的とするものです。商品の必要性や知識について説明する「情報提供」としての動画です。このような動画は商品を限定しないため、対象となるユーザーの幅は広くなりやすく、チャンネルや動画の存在をユーザーに認知させる役割を持ちます。

　認知目的の動画は、ユーザーの日常生活から特定のシーンや状況を切り出して、その状況について解説することがあります。日常生活における課題や問題について取り上げることで、ユーザーからの共感を得やすくするのです。また、企業が公式に提供するという点から、一定の信頼度がある状態で専門知識を解説することで、ユーザーに有益な情報を提供します。

▶ 販売目的の動画とは

　一方、販売目的の動画も企業チャンネルには必要です。商品の必要性を認知させた後に、販売へつなげるための動画もなくてはなりません。たとえば商品のスペックや機能性、商品開発を支えた技術力など、その商品が他と比較してなぜ優れているのかを説明します。そして、その商品の優れている点を知ったのちには、具体的にどのように使用するのかを訴求している動画へ誘導する必要があります。

　販売目的の動画を視聴するユーザーは、商品やサービスへの興味が比較的高い状態である可能性が高いため、Web上でも同時に検索をしていると考えられます。そこで、動画の公開時に設定できる概要欄に、商品やサービスの詳細情報や訴求したい内容を載せたWebページへのリンクを掲載することで、ユーザーの誘導を図ります。

認知目的の動画と販売目的の動画の切り分け

炊飯器を使った料理を知りたいユーザー

入り口

認知目的の動画

ユーザーの日常と
関係のあるテーマを
扱っている動画

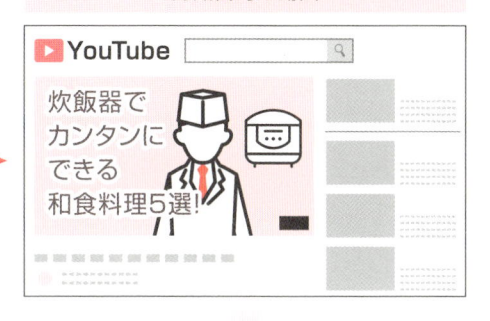

販売目的へ誘導

販売目的の動画

商品の説明が
中心な動画

商品に直接興味を持つユーザーは商品を知っているため使い方などユーザーにとって実用性の高い動画が必要となる。

商品を認知していないユーザーには、まず認知される必要があるため、より幅広いテーマの動画を視聴させることでリーチし、そこから自分の他の動画へ誘導させることで商品を認知させる必要がある。

視聴ターゲットの選定

- 誰が何のために視聴する動画かを明確化する
- ターゲットユーザーから視聴されることで再生率が高まる
- 企業はYouTubeクリエイターのレビュー動画を活用すべき

▶ ターゲットに合わせたコンテンツの提供

　自社の商品やサービスのターゲットユーザーを選定することは、どの企業も行っています。しかし、企業が公開するさまざまな動画の中には、誰が視聴するのかわからないものがあります。ターゲットとするユーザーの年齢や性別、置かれている状況などを具体化することは必要ですが、それ以上にチャンネル設計時に明確化すべきことは、「誰が何のために見る動画か」です。

　アルゴリズム最適化の点から見ても、ターゲットユーザーのみに動画が視聴されるメリットは数多くありますが、その中でも最も重要かつ視聴回数に影響を与えるのが**平均再生率**です。明確なターゲットユーザーに向けた動画をそのターゲットユーザーが視聴すれば、ニーズがある確率が高いため、動画が最後まで視聴される可能性も高まります。しかしターゲットユーザーが曖昧で、視聴する理由がないユーザーまで動画を視聴した場合は、離脱が多く生じて平均再生率が下がる可能性があります。視聴ニーズの可能性が低いユーザーが視聴することは、動画にとっての最大のデメリットとなります。

▶ 企業の動画とレビュー動画

　企業が制作する動画の大半は、ユーザーにとっては「何か理由があって視聴する動画」であることが多いです。たとえば、化粧品の動画はYouTubeに数多く公開されていますが、その大半は「レビュー動画」といわれる、YouTubeクリエイターが公開している動画です。しかし、彼らの多くはその商品の業界に関する専門知識を持っているわけではありません。あくまで感想でしかなく、そのために一般ユーザーは、第1章でも説明した「動画とWebの両方を調べて購買活動を起こす」という傾向にあるのです。

　脈絡もなく突然化粧品のCMが流れてきても、ユーザーは気に留めないことの方が多いでしょう。しかしYouTubeクリエイターのレビュー動画を視聴しているというこ

とは、突然目に入るCMよりも、ユーザーは前後の文脈から興味を持つ可能性は高いと考えられます。そのレビュー動画は、自社が販売しているものでなければいけないわけではありません。類似する商品のレビュー動画に掲載されても、ユーザーが求めるものの系統が同じであれば、レビュー動画を経由して企業の動画を訴求することは十分に有効であると考えられます。

ターゲットユーザーが視聴していると推測される動画に表示して自社の動画を見てもらう

●YouTubeクリエイターの化粧品レビュー動画

自分の動画

●自分の化粧品紹介動画

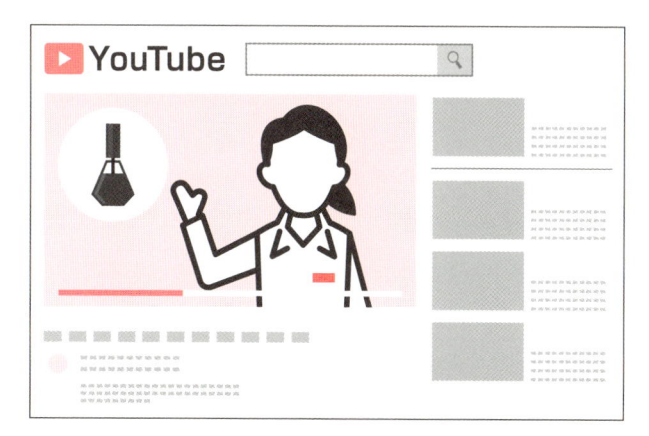

ターゲットユーザーが見ている動画に表示して自分の動画を見てもらうことで、認知度の低かったユーザー層にリーチすることができる。

7 広告とは違うことを訴求する

- 動画広告では訴求しづらいメッセージを伝える
- レビュー動画は商品購入の後押しになる
- 広告を見たユーザーへのフォローができるのがアルゴリズム最適化である

▶ 広告では伝えづらいことを動画で伝える

　広告は新商品の発表やイメージ訴求に強みがあります。しかし企業が持つ技術や理念など、商品の根底に隠れている部分については、広告で訴求することは稀です。また、広告は一時的であることが多く、継続して訴求することが困難であるため、企業自体のメッセージを広告するということもあまりありません。

　ユーザーはCMを視聴したことがきっかけで商品を認知することはありますが、CMではその後のユーザーに対するフォローは困難です。ユーザーは情報を信頼しないとしながらも、他者のレビューや口コミをインターネットで検索して評判を調べる傾向にあります。そこで、近年追加されつつあるのが動画によるレビューです。これらを活用して、広告では伝えることが困難な情報を訴求することで、購買の後押しができます。

▶ 企業特有の特徴を動画で訴求

　商品やサービスが認知されても、類似商品との違いがわからなければ、ユーザーが購入を決めることは困難です。しかし、その企業固有の特徴が、他社商品との差別化になっていることもあります。これまでの広告や商品の売り込みとは異なる手法で、商品やサービスを知らなかったユーザーにアプローチができるプラットフォームがYouTubeの最大の特徴といえます。

　YouTube動画は、テレビCMなどでユーザーからの認知を獲得したのち、チャンネル運用によってユーザーへのフォローができます。さらに、広告では伝えづらい情報であるほど、ユーザーはその希少性に関心を持ち、結果的に視聴回数が増加して、さらに多くのユーザーに視聴されることになります。

広告動画

https://www.youtube.com/watch?v=vfghrEic89k

広告はイメージ訴求に向いており、短く簡潔に商品を説明する必要がある。

YouTube動画

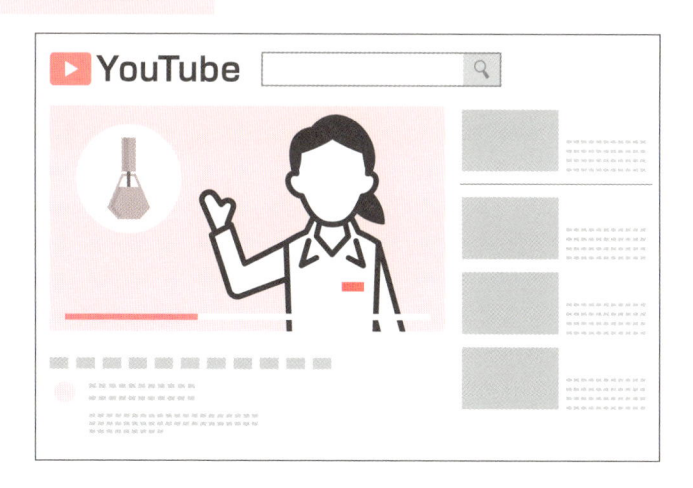

YouTube動画は商品特徴や開発技術など企業側からのメッセージを伝えやすい。
動画が長くても、ニーズの合致したユーザーからは視聴されるためしっかりと
メッセージを伝えやすい。

8 チャンネル分析

● 今どのように視聴されているかを把握する
● どんなテーマの動画がニーズを獲得しているかを把握する
● 視聴しているユーザーの属性を確認する

▶ 今どのように視聴されているのか

　チャンネル設計やテーマを決めるためには、今どのように自分の動画が視聴されているかを知る必要があります。自分のチャンネル全体に一定のテーマがなくても、各動画にはそれぞれテーマがあり、訴求している内容があるはずです。そのため、チャンネル全体の視聴データを分析することで、どんなテーマや内容のニーズが高いかを判断することができます。「どんなテーマの動画の視聴者維持率が高いのか」「表示回数の多い動画はどれか」「ユーザーはどんなキーワードで検索しているのか」など、チャンネル全体の分析をすることは、今後どのようなテーマで動画を公開するかを決めるにあたり重要な指標となります。

　チャンネル全体の分析の中で、とくに重要なものが**トラフィック**です。YouTubeではトップページに表示されたり、他のチャンネルが公開している動画に関連動画として表示されたりすることで、初めてユーザーへのリーチの幅を広げることができます。YouTube検索では、ユーザーがどのようなキーワードで検索をしているのかを調べることで、動画がどのようなキーワードで視聴されているのかを把握することができます。ユーザーに表示されている関連動画のうち、自分の動画がどの程度の割合か、または、Web埋め込みによる外部トラフィックからの視聴がどの程度かを把握することで、チャンネルで公開している動画がどのような動きをしているかを確認できます。

▶ 誰に視聴されているかを調べる

　チャンネルを設計したり、ターゲットユーザーを明確化させるために、現在どのようなユーザーから視聴されているのかを把握することも重要です。ユーザー層の分析は、性別による視聴傾向の違いや、年齢層による視聴傾向の偏りを見るだけではありません。展開している商品が国外向けであれば、視聴された言語や国を把握する必要があります。パソコンから視聴されているのか、スマートフォンから視聴されてい

るのかを把握することで、どの端末に最適化した動画を制作すべきかを判断することができます。

　ユーザー層やユーザーが視聴している国や言語を調べるにあたって重要なのが、**インプレッションに対するクリック率**や**平均再生率**などの値です。とくに平均再生率が高いユーザー層や国については、チャンネル設計時に興味関心が高いユーザーに向けた動画制作を検討する必要が出てきます。インプレッションに対するクリック率が低いユーザー層には、関連動画の傾向や検索キーワードを調査することで、その原因がどこにあるのかを調べる必要があります。

トラフィック別に視聴状況を把握する

チャンネルページからの
視聴が多い

シリーズ化の重要性

- 続きが気になる連続した動画はユーザーを誘導しやすい
- 1つのテーマを掘り下げて解説することができる
- 再生リストは何の目的で視聴するのかを中心に考える

▶ チャンネル設計で意識すべきシリーズ動画

　シリーズ動画とは、特定のテーマに絞り、複数に分けて公開する動画をいいます。テレビドラマのようなコンテンツはこれに分類されるでしょう。シリーズ動画の良い点は、ユーザーにそのチャンネルが公開している別の動画への興味を持たせやすいことです。たとえばあるテーマについて一定のところまで情報提供を行い、その続きは別の動画で解説する形式をとった場合、続きが気になるユーザーはシリーズ化された次の動画を視聴する可能性が高まります。

　さらにシリーズ化された動画の良い点は、各テーマについて掘り下げて解説することができることです。1本の動画にさまざまな要素を詰め込み、短くしようとすると、本来伝えたかったメッセージが不明確になってしまいます。そこで、すべての要素を1つにまとめるのではなく、ユーザーに伝えるべきメッセージを動画単位で分類し、1本で伝えきれなかったメッセージは別の動画で解説するようにします。そして、そのことをユーザーに伝えることで、シリーズ化された次の動画へ誘導するのです。YouTubeには**終了画面**と呼ばれるものがあり、動画を視聴したユーザーに次に視聴して欲しい動画を、動画の最後に入れることができます。これも自社の動画からユーザーを離脱させない手法の一つです。

▶ 再生リストは視聴目的を主軸にする

　動画の制作時には「誰が何の目的で視聴するのか」を主軸に考えますが、同様に**再生リスト**も「何の目的で視聴するのか」を中心に考えます。再生リストでよく見られるものとして、ブランド単位の再生リストやCMの再生リストなどがありますが、ブランド単位でもさまざまな動画があり、それらに一貫性があることはあまりありません。ユーザーにとっては、視聴したい動画とそうでない動画が混在している状態となります。

再生リストとは、複数の動画を1つのシリーズとしてまとめ、動画を自動再生させる機能です。動画を再生する順番をチャンネル管理者が設定できるため、ユーザーに対して段階を追って動画を紹介することができます。しかし、テーマに一貫性のない再生リストは単なる動画の集合体であり、リスト化する理由はとくに無くなってしまいます。続きがある形式のシリーズでなくとも、各動画が完結型で構成された複数の動画に一貫したテーマがあれば、ユーザーは別の動画はどうなのかと興味を持ち、シリーズ化された他の動画に興味を持ちやすくなります。

再生リストを活用している企業チャンネルの例

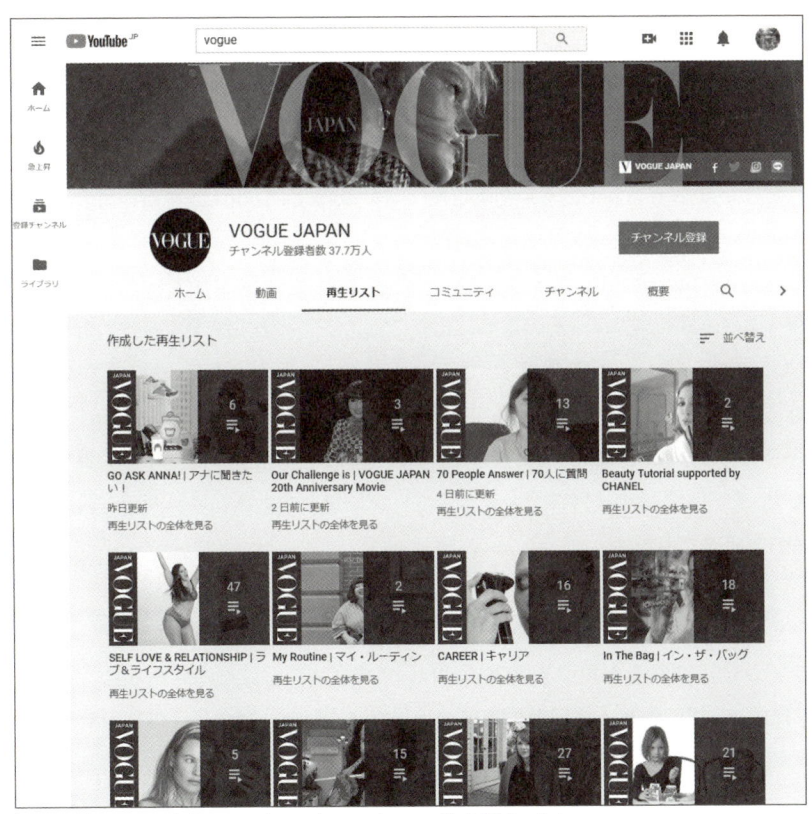

https://www.youtube.com/user/voguejapanofficial/playlists

再生リストのテーマをターゲットの生活環境や視聴目的に合わせることで再生リストに一貫したテーマを持たせる。
各再生リストがユーザーの求めるものであれば、視聴目的が生まれるためユーザーからの視聴を得やすくなる。

チャンネル登録者が重要な理由

- チャンネル登録は継続して動画を視聴したい意思の表れ
- 動画公開直後はチャンネル登録者からの視聴回数を獲得できる
- チャンネル登録者からの視聴は視聴者維持率が高まりやすい

▶ 各SNSのフォロワーとYouTubeのチャンネル登録者の違い

チャンネル登録とは、特定のチャンネルが公開する動画を継続して視聴したいというユーザーの意思表示です。チャンネル登録をすると、そのチャンネルに新しい動画が公開されたとき、動画の一覧ページに新しい動画が表示されます。チャンネル登録と聞くと、YouTubeクリエイターをイメージすることが多いですが、登録者を獲得することは企業チャンネルにおいても必要です。これは『Twitter』や『Instagram』などSNSのフォロワー数を求めることと同様です。

TwitterやInstagramは、そのメディアの特性上、さまざまなユーザーが短時間で投稿することが可能です。そのため、1つのアカウントの投稿もタイムライン上ではすぐに流れてしまい、多種多様な投稿のうちの1つとなってしまいます。しかしYouTubeの場合、メディアが動画であるため、各ユーザーは投稿そのものに一定の時間が必要となります。そのため、ユーザーが大量のチャンネルに対して登録をしたとしても、他のSNSと比較すると、チャンネルが投稿した動画にユーザーの目がとまる可能性は高くなります。

▶ アルゴリズム対策としても重要なチャンネル登録者数

チャンネル登録者を獲得する重要性は、アルゴリズム対策の点から見ても同様です。理由は、**視聴回数**と**視聴者維持率**の獲得です。動画公開直後は視聴回数がゼロのため視聴実績が無く、さまざまなトラフィックに動画が表示される機会はあまりありません。YouTube検索に対する最適化を行っていたとしても、視聴回数が無い動画は、安定して検索上位に表示されるまでに一定の期間を必要とします。しかしチャンネル登録者が視聴すれば、視聴実績ができるため、検索結果に表示されるだけでなく、他のトラフィックへの表示もされやすくなります。

視聴者維持率の点で見ても、チャンネル登録者は非常に重要です。チャンネル登録

者は継続して視聴したいと判断したために、チャンネル登録を行っています。そのた
め、登録しているチャンネルの公開する動画は、検索や関連動画で表示されて視聴し
た動画よりも視聴するモチベーションが高いといえます。この視聴者維持率の高さが
アルゴリズムに評価され、関連動画やブラウジングに表示されるためのきっかけづく
りをしてくれるのです。

登録チャンネル画面

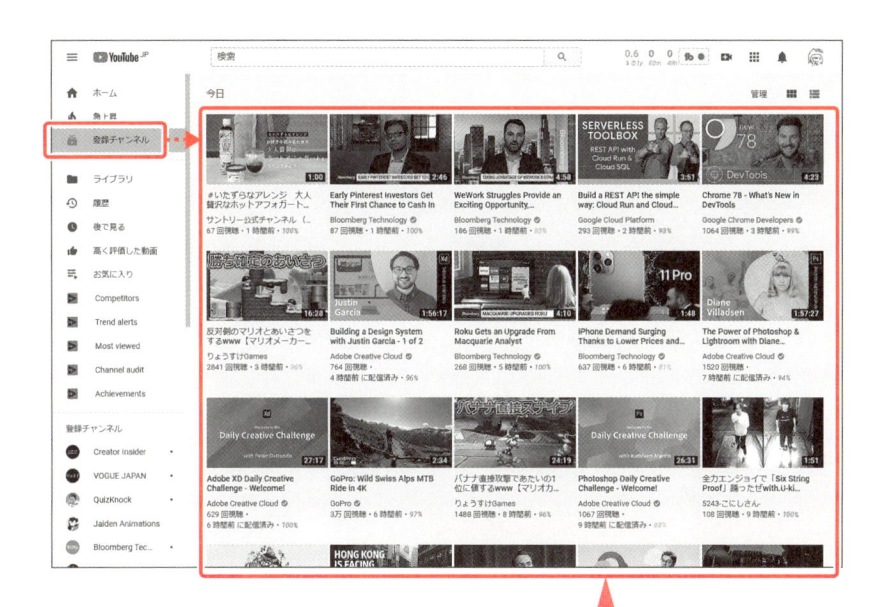

チャンネル登録をしたチャンネルの
最新動画が一覧で表示される

テーマを明確にした
チャンネルの必要性

- ● ユーザーにとって各チャンネルは役割を持っている
- ● 動画全体としてテーマがなければアルゴリズムがおすすめしてもクリックされづらい
- ● テーマの明確化で動画同士でユーザーを相互に送り合うことができる

▶ なぜチャンネルにテーマが必要なのか

　YouTube には、膨大な数のチャンネルが存在しています。ユーザーは複数のチャンネルを利用することで、動画を楽しんだり、情報収集を行ったりしています。視聴するチャンネルは状況や気分によって変わります。リラックスしているときに視聴するチャンネル、情報収集を行うときに視聴するチャンネルなど、ユーザーにとってそれぞれのチャンネルは明確な役割を持っています。

　企業のチャンネルも同様に、ユーザーにとって何か明確な役割がなければ、継続的に視聴される可能性は低くなります。しかしチャンネル自体に明確なテーマがあり、それがユーザーのニーズと合致すれば、企業のチャンネルがユーザーにとって一つの役割を担うことになります。自分のチャンネルが、ユーザーがYouTubeを利用する上でのポジションを得るためには、明確なテーマが必要なのです。アルゴリズム最適化によってリーチするユーザーの幅を広げ、チャンネル登録者を獲得することで、より多くの視聴回数を獲得することができます。

▶ トップページへのアルゴリズム最適化施策

　チャンネルのテーマを明確化することは、トップページのアルゴリズムの点から見ても重要なことです。第2章で述べたように、トップページには視聴したことのあるチャンネルで公開されている未視聴の動画が表示されます。つまり企業が公開する動画の**視聴履歴**があれば、トップページのアルゴリズムは、そのチャンネルの別の動画を「あなたへのおすすめ」として表示してくれるのです。

　チャンネル内で公開されている動画のテーマが明確でなく、さまざまなテーマの動画が混在している場合、ユーザーが過去に視聴した動画とは全く関連性のない動画が表示されるということになります。たとえトップページに表示されたとしても、ユーザーのニーズと合わなければ、クリックされる可能性は低くなります。するとアルゴ

リズムは、トップページに表示してもクリックされない動画であると判断し、その動画は次第に表示されなくなってしまいます。こうした状態を避けるためにも、チャンネルにテーマを持たせることで動画同士の関連性を明確にし、すべての動画が相互にユーザーを送り合う状態にすることが重要となります。

チャンネルはユーザーの中で役割分担されている

ユーザーに登録されているチャンネルにはユーザーにとってそれぞれの役割を持っている。
エンタメ、情報収集などユーザーはチャンネル単位で役割分担されていて、チャンネル登録されるには自分のチャンネルがユーザーから何かの役割を担う必要がある。

Column 動画は毎日公開したほうがよいのか

　YouTubeの活用にあたって、「動画は毎日公開したほうがよい」とよくいわれます。たしかに、「毎日19時に動画を公開」などの決まりをつくって定期的に公開すれば、ユーザーのライフスタイルに根付くことができ、一定数の視聴回数を獲得できます。YouTubeで視聴回数の多い動画は、映像のクオリティよりも中身であることは事実で、簡易的に撮影した動画でも視聴回数の多いものは数多くあります。

　個人ならば動画を毎日公開することも可能ですが、企業の場合は動画の公開にあたって、さまざまな確認が入るケースの方が多いです。そのため、簡易的に撮影した動画をすぐに公開するといったケースはほとんどありません。映像や表現、クオリティなどが、法律や規制に則っているか、企業の方針やブランディングに合っているかなど、確認すべきことが数多くあります。こうした確認を行った上で毎日定期的に公開することは、よほど制作体制が整っていたり、承認プロセスが制度化されていない限りは困難となります。

　YouTubeを活用する上で、動画の数が多い方が良いことは事実です。単純に、動画1本よりも10本の方がユーザーにリーチできる可能性が高いという点で間違いありません。では、数が少ないと視聴回数が増加しないかというと、そうではありません。視聴回数は動画に付随するもので、チャンネルが保有する動画の数と比例するわけではないからです。多くの動画を公開していたとしても、視聴回数に伸び悩むチャンネルは数多くあります。視聴回数を左右するのは、どれだけ多くの視聴ニーズがあるかであり、動画の本数ではありません。つまり、検索量の多いテーマに関する動画であれば、公開されている動画の数が少なくても視聴回数は期待できるということです。

　動画を定期的に公開すること、もしくは数多く公開することの唯一の利点は、チャンネル登録者を増加させやすいことです。たとえば、動画を1本しか公開していないチャンネルであれば、今後動画が公開される期待が持てないため、チャンネル登録をするユーザーは少ないでしょう。逆に、多くの動画が公開されており、定期的に更新されている様子があれば、チャンネル登録を行って、定期的に公開される動画を視聴する可能性は高まります。

　毎日動画を公開することは理想ではありますが、企業チャンネルの場合は、動画の公開頻度を上げるよりも、視聴ニーズの把握やキーワードのリサーチを十分に行って、企業にとっても良い動画を制作する方が現実的です。

YouTubeの市場調査

──どんな動画を制作すべきか先例からヒントを得る

　動画を制作する前に、YouTube上にどんな動画が公開されており、どの動画が視聴回数を獲得しているかを知ることは、効率よく自分の動画の視聴回数を増加させるために重要です。視聴回数が多い動画とそうでない動画には業界単位で傾向があり、その傾向を把握することで、より視聴回数が増加する動画を制作することができます。本章では、YouTube上での市場調査の方法について説明します。

1 YouTubeでの市場調査

- すでにほとんどのカテゴリの動画が公開されている
- これから取り扱うテーマの類似動画を把握する
- YouTube上では特定のテーマについてどのような動画が存在するかを調査する

▶ YouTube上で何を市場調査するのか

　1分間に300時間もの動画が公開されているYouTubeには、驚くほどあらゆる動画が存在しています。YouTubeクリエイターは世界各国に存在し、さまざまなユーザーがチャンネルを作成して動画を公開しています。家庭で撮影した動画、イベントの様子を撮影した動画、街を歩いているだけでの動画、肉を焼いているだけの動画、電車からの景色を撮影した動画など、自分で発見できる動画は公開されている動画の中のほんのごく一部でしかありません。

　そこでチャンネル内で運用する動画を決めるとき、まず行うべきことは、どのような**類似の動画**が存在しているかです。おおむねほとんどのカテゴリの動画は、すでに世界の誰かによって公開されています。全く同じではなくとも、類似する動画は膨大な数が公開されており、誰かによってすでに視聴されています。

▶ テーマの人気と視聴傾向を調査する

　チャンネル設計によってチャンネル全体のテーマや方針が決まり、シリーズ化によって各動画の方向性が定まったら、どのような動画がすでに公開されているのかを実際に調査する必要があります。YouTube上には、料理、DIY、メイクなどの日常的なテーマから、時計、ジュエリー、文房具、スーツ、靴など絞られたテーマまで、特定の業界に絞ったチャンネルが存在します。

　「YouTube上にはすでにどのようなチャンネルが存在するのか」「それらのチャンネルが公開している動画は、どのぐらいの視聴回数を獲得しているのか」「テーマとするキーワードでYouTube内の検索を行ったとき、どのような動画が表示されるのか」「最近公開された動画が多いのか、数年前に公開された動画が多いのか」など、これから取り扱おうとするテーマがYouTube上でどのような状態なのかを把握することが、YouTubeにおける市場調査です。

YouTubeアルゴリズムが自動生成するチャンネル

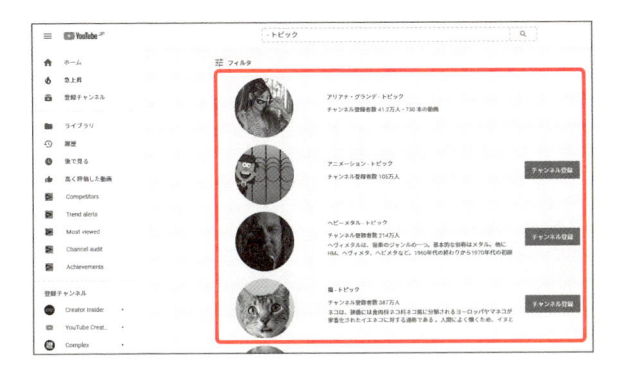

YouTubeでは「●● - トピック」というYouTubeのアルゴリズムが自動生成した
チャンネルが存在する。

チャンネルが生成される仕組みは「注目に値するトピックがYouTubeによって認識さ
れると、自動生成チャンネルが作成されます」と説明されている。自動生成がされてい
ないトピックについては、動画数が少ない、視聴回数が少ない、YouTubeの品質基準を
満たしていないと記載されている。

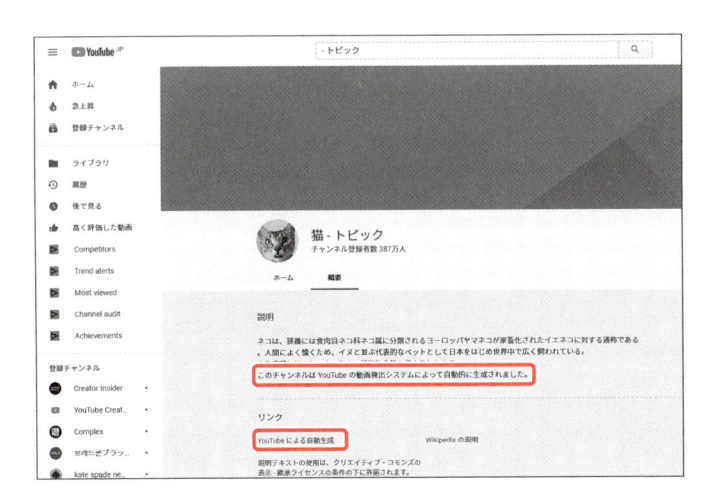

YouTubeのアルゴリズムによって自動生成されたトピックはこのように表示される。
概要欄にYouTubeのアルゴリズムによって自動生成されたという記載がある。

これから動画によって展開するテーマがトピック化されていれば、競合の動画を調査す
る際に役立つが、トピック化されているテーマということは、それだけ動画の数や視聴
回数が多いと判断されているため、競合の多いテーマであるとも判断できる。

2 なぜ市場調査が必要なのか

- 事業内容によってテーマの幅が異なる
- 取り扱うテーマに関する動画の傾向を把握する
- 公開中の動画の傾向を把握することでどのような動画を制作すべきか判断できる

▶ 取り扱うテーマのYouTube上での全体像を把握する

　事業規模の大きな企業などでは、取り扱う商品やサービスの種類が多岐にわたることもあります。一方で、取り扱う商品やサービスの種類が少ない場合、それらが1つの大きなカテゴリに収まってしまうケースもあります。後者の場合は、大きなカテゴリをテーマにYouTube上で調査を行ってもそれほど問題ではありません。

　たとえば、「鍼灸」や「整体」をテーマとして取り扱う場合、まずYouTube上にそれらを取り扱うチャンネルがどのぐらいあるかを知る必要があります。「鍼灸」などのキーワードでどのような動画やチャンネルが出てきて、それらの動画は何を目的としているのかを知ることで、YouTube上ではどのような動画が表示される傾向があるかを調査することができます。すでに公開されている動画の状況を把握することで、YouTube上におけるそのテーマに関する市場の全体像を把握することができます。

▶ 事業が多数ある場合は細分化の方法を考える

　多数の事業を行う企業の場合は、大きなテーマを細分化する必要がありますが、その前にどのように細分化するかを考える必要があります。たとえば、家電量販店は取り扱う商品が数多くありますが、家電のカテゴリ単位で分ける場合と、ニーズによって分ける場合が考えられます。家電のカテゴリ単位で分ける場合は、洗濯機、冷蔵庫、掃除機などと分けた後に、洗濯機に関するどのような動画が公開されているのかを調査することで、YouTube上における洗濯機というテーマについての全体像を把握することができます。

　商品の**カテゴリで細分化**するのではなく、**ライフスタイルで細分化**した場合、異なる調査結果が得られるかもしれません。たとえば、一人暮らしをテーマとした場合は、ライフスタイルをベースとしているため、一人暮らしにとって便利な家電に関する動画が表示されるでしょう。テーマが大きな場合は、細分化の方針を決めた上で調査を

行い、各テーマにおいてどのような動画が公開される傾向があるかを把握することで、どのような方向性の動画を制作すべきかを決める必要があります。

キーワードによって表示される動画の傾向が変化する

「整体」での検索結果

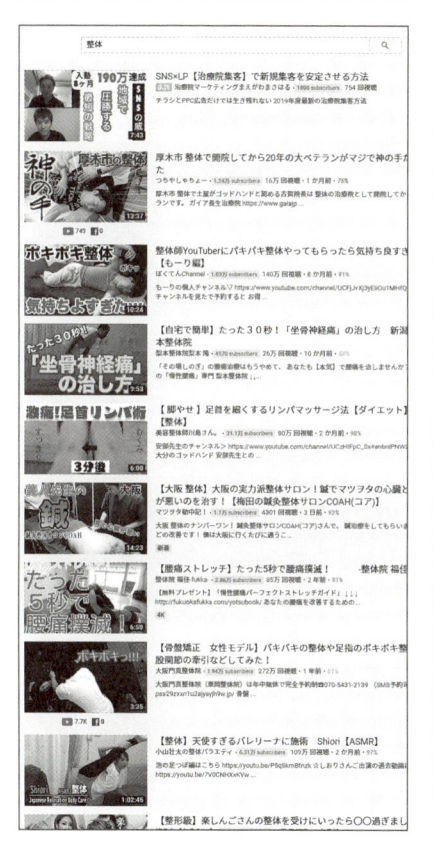

「鍼灸」での検索結果

「整体」は直し方を解説する動画や実際に体験する動画が多い傾向にある。
一方「鍼灸」は施術に関するより専門的な内容の動画が多い傾向にある。
事業内容が一つの場合、このように事業内容に関する複数の動画を調査し、すでに公開されている動画の視聴傾向からどんな動画が人気であるかを判断できる。

3 キーワードの使われ方の調査

- ●YouTube特有のキーワード文化がある
- ●YouTubeでは一般的なキーワードが違う使われ方をする場合がある
- ●検討しているキーワードでどのような動画が表示されるかを調査する必要がある

▶ YouTube特有のキーワードの使われ方がある

　会話の途中で動画を調べることがあります。たとえば音楽の話の中で、どんな曲だったかをYouTubeで調べます。音楽のチャンネルの中には、楽曲のカバーを専門とする人気YouTubeクリエイターも存在しています。また、ゲームのプレイ動画を公開するYouTubeクリエイターも存在しています。ゲーム実況とよばれる動画は、ゲームが人気になるほど動画の本数が増加する傾向にあります。

　このような動画はYouTube上に数多く公開されていますが、こうした動画のタイトルは、楽曲の場合は楽曲名が設定されることが多く、ゲームの場合はゲームタイトルに加えてアイテム名やキャラクター名などゲームに登場する名前が設定されています。たとえば、ゲーム内に登場するアイテムの使い方を動画で調べるとき、ユーザーはアイテム名を入力してYouTubeで検索を行い、動画を視聴してアイテムの使い方を知ることができます。

▶ YouTube上ではキーワードの使われ方が違う

　企業には一見関係ないようですが、自社の商品やサービス名と、楽曲名やゲームのアイテム名が同じだった場合は、関係が出てきます。たとえば、YouTubeで「芝刈り機」と検索すると、検索結果に庭を刈るための機械は表示されず、代わりにスマートフォン用人気ゲームアプリの動画が数多く表示されます。そのため、庭で使う芝刈り機に関する動画を視聴したい場合は、「電子芝刈り機」と検索する必要があります。

　たとえば有名なYouTubeクリエイターのチャンネル名や、楽曲のタイトル、ゲーム内のアイテムなどと、企業がターゲットとしているキーワードが類似しているために、動画の表示回数が少なくなるケースは珍しくはありません。検討しているキーワードがYouTube内でどのように使われているのかを把握する必要があります。

キーワードによっては想定と異なる商品の動画が表示されることがある

「芝刈り機」の検索結果

YouTubeでは、キーワードによっては自分が想定している動画と異なる動画が検索結果で多く表示されることがある。

検索エンジンでの検索結果と全く異なることは珍しくない。

「電子芝刈り機」の検索結果

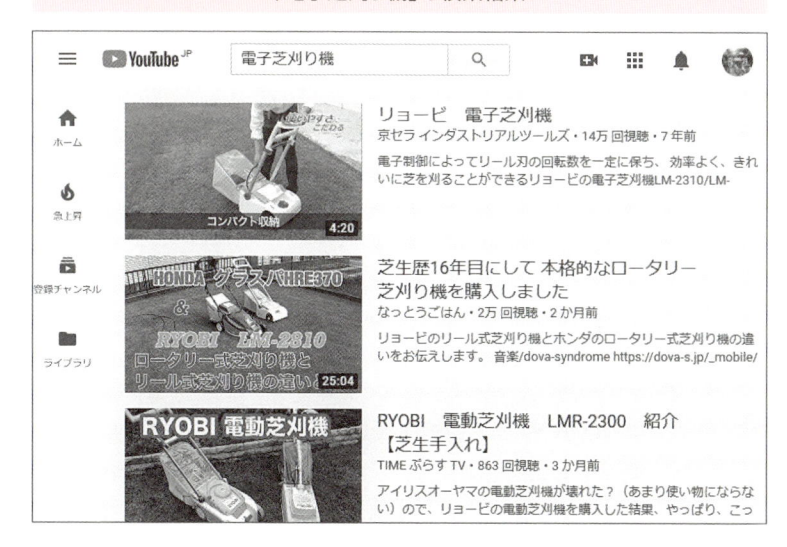

動画を視聴回数で判断してはいけない

● 動画の視聴回数は指標の1つでありすべてではない
● Webページの埋め込みによる視聴もYouTubeで計測される
● 動画広告による視聴も視聴回数に反映される

▶ 視聴回数は一つの指標であり、すべてではない

　類似する動画を調査するとき、まず確認するのは**視聴回数**です。100万回再生などの動画は、多くのユーザーに視聴されたと誰でも想像できます。動画の視聴回数が多いということは、それだけニーズがあるということでもあります。動画を制作する前の段階で視聴回数の多い動画を発見した場合は、その動画と類似した別の動画を作ろうと考えることがあります。

　ただし、視聴回数はその動画が単純に再生された回数であり、ユーザーが能動的に再生したものだけを計測しているわけではないことに注意してください。Webサイトなど外部サービスへの埋め込みから視聴された数も合算されているため、純粋にYouTube内で視聴された数とはいえません。つまり、視聴回数はあくまで指標の一つであり、その数のみによって人気度やニーズを決定付けることは困難ということです。

▶ 動画広告も視聴回数として計測される

　動画広告を行った場合も、動画が再生されれば視聴回数として計測されます。300万回の視聴回数を持つ他チャンネルの動画を発見すると、その視聴回数に気を取られてしまいます。しかし実際は、その視聴回数の大半が動画広告によるものであり、YouTube内でユーザーから能動的に視聴された視聴回数は、合計視聴回数の1%にも満たないかもしれません。

　動画を調査するときは、取り扱うテーマに関する複数のキーワードで検索を行い、どのような動画が視聴回数が多いのか、またはどのような動画が比較的視聴されていないのか、その傾向を調査する必要があります。数本だけ突出して視聴回数が多い動画があり、その他の動画がそれほど視聴回数が多くない場合は、突出した数本の動画だけがユーザーにとって魅力的に見えているというわけではなく、動画広告による視聴かもしれないということを考えて、類似動画の調査を行う必要があります。

視聴回数には動画広告やWebページへの埋め込みによって獲得した視聴も含まれている

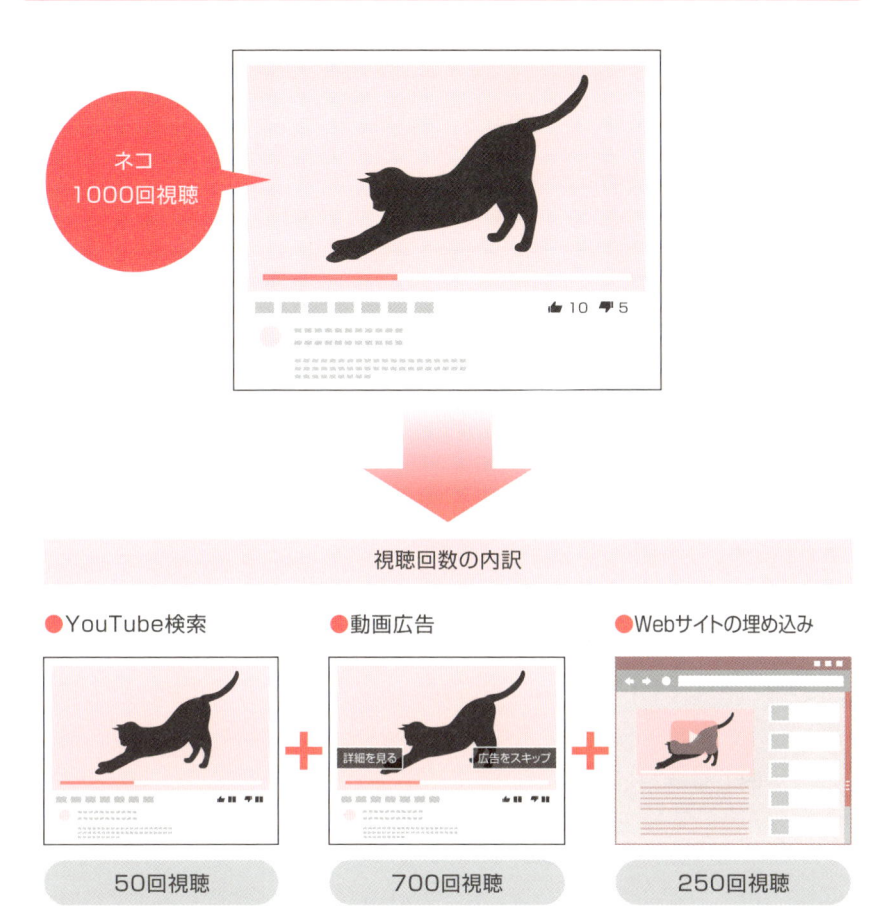

視聴回数のみで動画の人気度を判断することは出来ない。

視聴回数には動画広告やWebサイトへの埋め込みによる視聴が含まれるため、自然流入のみによる視聴回数だけが反映されているわけではない。

人気度を判断する上で、視聴回数に対する評価やコメントの数の割合に注目したほうが良い。

5 人気な動画の見極め方

- 人気な動画はユーザーからのアクションが多い動画
- 視聴回数と評価数が釣り合っているかどうかを把握する
- 動画に対するユーザーのアクション数を注意して調査する

▶ ユーザーは動画に対してアクションを起こす

Webサイトの閲覧では、「面白い」とか「ためになった」と思ったサイトは、**ブックマーク**することがあります。また、有名人のブログやSNSでは、**コメント**を投稿したり、「**いいね**」ボタンを押したり、自分の知り合いに共有したいと思ったときはサイトのURLを送ったり、シェア機能を使って情報を共有したりします。

動画も同様です。ユーザーが意見や感想を持った場合は、コメントを投稿したり、「高評価」や「低評価」ボタンを押したりすることで、動画に対して意思表示を行います。コメントの投稿や評価ボタンを押すといった行動は、動画をある程度視聴して、内容を理解した上で取られる行動です。視聴のトラフィックは動画を見ただけではわかりませんが、何かのアクションを起こしているユーザーが多いことは、それだけ動画がしっかりと視聴されているということでもあります。

▶ 人気な動画は評価とコメントが多い

動画の中には視聴回数が非常に多い反面、評価ボタンを押した数やコメントの数が極端に少ない動画があります。たとえば100万回の視聴回数を獲得している動画の評価ボタンが押された数の合計が20などでは、自然に動画が視聴されたとは考えづらくなります。同様に、コメントが数件しか投稿されていない場合もユーザーが意図して視聴したとは考えにくいでしょう。

人気の動画は、視聴回数に見合った評価やコメントの投稿数を獲得することが多いです。そして、視聴回数に見合った評価を獲得している動画は、YouTube検索や関連動画、トップページなどの自然流入によって視聴された可能性が高いです。一方、視聴回数は多いがユーザーからのアクションが少ない場合は、動画広告やWebサイトへの埋め込みによる視聴である可能性が高くなります。動画を調査するときは、ユーザーがどの程度アクションを起こしている動画なのかを注意してみる必要があります。

人気な動画にはユーザーからのアクションが多い

100万回再生!

△△△
100万回視聴
5678件のコメント

イイネ!

GOOD!

面白い!

👍 イイネ!
➜ 共有

ユーザーからのコメント

ユーザーによる評価や共有

自然流入による視聴が多い動画の特徴はコメント数の多さと、評価の多さである。特に評価についてはタップするだけという手軽さから、自然流入とそうでない流入による視聴で大きな差が開く傾向にある。
動画に対するユーザーによるアクションがどの程度あるかが人気動画であるかを判断する一つの指標となる。

6 YouTubeクリエイターの動画に対する判断

● YouTubeクリエイターが取り扱うジャンルはエンタテインメントだけではない
● 専門性を主軸にするYouTubeクリエイターも存在する
● チャンネル登録者と視聴回数をあわせ見て動画のニーズを判断する

▶ 各業界に1人はいるYouTubeクリエイターの動画について

YouTubeクリエイターというと、「やってみた」「購入レビュー」など通常は行わないようなことを行ったり、購入した商品や普段使用している商品について感想を述べたりするという印象が一般的だと思います。しかし、エンタテインメント系だけではなく、専門知識を伝えたり、限定したユーザー層に向けてテーマを絞った動画を配信しているYouTubeクリエイターも数多く存在します。

YouTubeクリエイターは、あらゆる業界やテーマに少なくとも1人は存在しているといえ、企業の類似動画の調査においても、必ずといってよいほど彼らの動画を目にします。YouTubeクリエイターの動画の中には、非常に多い視聴回数を獲得しているものもあれば、あまり視聴されていないものもあり、どのような基準で、どのような動画が人気な傾向にあるか判断が困難な場合があります。

▶ チャンネル登録者数と視聴回数はおおむね比例する

企業のチャンネルで公開する前提で動画を調査するとき、YouTubeクリエイターの動画の視聴状況を把握する上で必要なのがチャンネル登録者の数です。たとえば、類似動画を調査していて、5万回の視聴回数を1か月で獲得している動画を発見した場合、その内容にニーズがあると判断しがちです。しかし、動画の内容についてニーズがあるかどうかを判断するためには、まずそのチャンネルの登録者の数がいくつかを把握する必要があります。

たとえば、チャンネル登録者数が100万人であるのに対して、発見した動画の視聴回数が5万回の場合は、この動画はニーズが無かった動画かもしれません。一方でチャンネル登録者数が50人であるのに対して、視聴回数が5万回の場合、この動画の内容はニーズが多いと判断できます。YouTubeクリエイターの動画を調査するときは、チャンネル登録者数と、該当する動画と近い日にちで公開された動画の視聴回数

がいくつであるかを調査することで、その動画がニーズがあるかどうかを判断することができます。

視聴回数ではなく、チャンネル登録者数も合わせて動画のニーズを判断する

5万回視聴

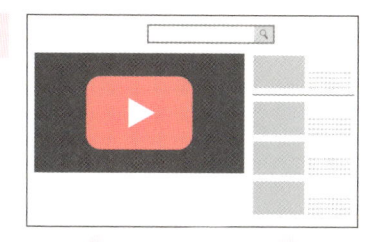

同じ5万回再生でも…

チャンネル登録者数100万人

チャンネル登録者数50人

チャンネル登録者が100万人いるチャンネルにとって、動画が5万再生は少ない。
チャンネル登録をしているユーザー属性と動画のテーマが一致しなかった場合に再生数が少なくなることはある。

チャンネル登録者が50人のチャンネルにとって、5万回視聴は多い視聴回数である。チャンネル登録者が少ないということは、その大半は自然流入であると考えられる。そのため、動画のテーマ自体がユーザーのニーズが高いものであると判断できるため、動画企画時に参考となる。

同じ視聴回数でも、チャンネル登録者数によってその動画が人気であるかどうかを判断できる。特にYouTubeクリエイターの動画を参考にする場合はチャンネル登録者に対する視聴回数の割合に注目すべきである。
もっとも参考になるのは、チャンネル登録者数が少なく、視聴回数の多い動画である。そのような動画は視聴回数の源泉は自然流入である可能性が高く、動画のテーマについてもユーザーからのニーズが高いと判断できる。

チャンネルの調査方法

- 類似するチャンネルを調査する
- 通常のYouTube検索でチャンネルを調べることは非効率
- チャンネルを調査するときはフィルタ機能を使うと便利

▶ 通常のYouTube検索は動画が主に表示される

　チャンネルのテーマや方針が決まった段階で、動画と同様にチャンネルも調査します。まず、YouTube上に取り扱うテーマと類似したチャンネルがどのぐらい存在するのかを確認します。そして、登録者の多いチャンネルの傾向や、各チャンネルが公開している動画の本数、公開日を確認することで、各チャンネルが現在も稼働しているかどうかを把握します。

　YouTube検索は通常、動画を検索するために使われることが多いため、キーワードを入力しても、入力されたキーワードとチャンネルの文字合致率が高くない限り、検索結果には主に動画が表示されます。チャンネルも一部表示されますが、チャンネルを調べることを目的としている場合は効率的ではありません。

▶ フィルタ機能を使ってチャンネルのみを表示する

　YouTube検索には、検索窓の下に**フィルタ**という文字があります。そこをクリックすることで、何をどの順番で検索結果として表示するかを指定することができます。チャンネルを検索する場合は、「タイプ」の中に含まれる「チャンネル」をクリックすることで、チャンネルのみが表示されます。チャンネル登録者数や投稿されている動画の本数が一覧で表示されるため、どのようなチャンネルが存在し、どこのチャンネルが投稿数が多いかを判断することができます。

　チャンネルの検索は、検索された文字がチャンネルデータに含まれているかどうかで判定されるため、入力されたキーワードと関連のあるチャンネルが表示されているわけではありません。そのため、類似するキーワードで複数回検索を行う必要があります。またこの機能は、運営しているチャンネルが各キーワードに対してどの程度の順位に位置しているかということも把握することができます。ターゲットとするキーワードで表示が低い場合は、チャンネル名を変更するなどの対策が必要です。

フィルタ機能を使ったチャンネルの調査方法

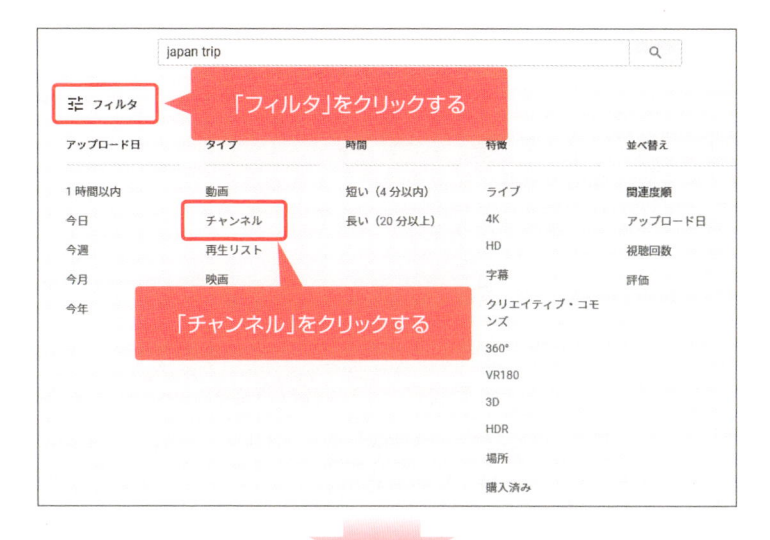

「フィルタ」機能を使うことでチャンネルや動画を効率よく検索することができる。

視聴回数の多い動画の調査方法

- フィルタで動画の視聴回数順に並べ替えることができる
- チャンネル開設当初から長い動画を作ることは難しい
- 視聴回数と公開日をみることで動画の人気度が把握できる

▶ 視聴回数は動画を把握する程度に確認する

チャンネルの検索と同様に、動画においてもフィルタを選択後、「タイプ」から「動画」を選択します。次に、「並べ替え」から「視聴回数」を選択することで、動画の視聴回数の多い順に表示されます。視聴回数順に表示されているかどうかを確認するには、再度フィルタを選択し、「視聴回数」を選択したときにクリックができなければ、選択されていることが確認できます。

視聴回数の多い順に表示を変更したとき、CMが上位に表示されることがあります。これは動画広告による視聴回数であるケースが多いため、これから動画広告の配信を検討している企業にとっては有益なデータとなります。視聴回数の多い順に表示をさせることで新たな動画を発見することを目的とする場合、フィルタの「時間」から「長い（20分以上）」を選択すると、20分を超える長さの動画のみが表示されます。

▶ 長く、視聴回数の多い動画の特徴を把握する

アルゴリズムが総再生時間数を重視するように、動画は短いよりも長い方が評価される可能性が高まります。しかし、長い動画の場合は視聴者維持率が維持しづらいこともあり、チャンネル運用の開始当初から制作することはあまりおすすめできません。どのような動画が長くても再生され、視聴回数を増加させているのかを調査するために、視聴回数の多い順序の場合は、同時に長い動画でフィルタを設定し、その傾向を把握するとよいでしょう。

視聴回数の多い順の注意点は**公開日**です。動画は公開されてから、表示され続けるため、視聴回数は公開された期間に比例して増加していきます。公開日が浅く、視聴回数が多い動画がどのような動画なのかを把握することは大切です。動画を公開してから日が浅い動画を調査する場合も、フィルタの「アップロード日」から期間を指定することで、指定した期間内での視聴回数の多い順に表示を変更することが可能です。

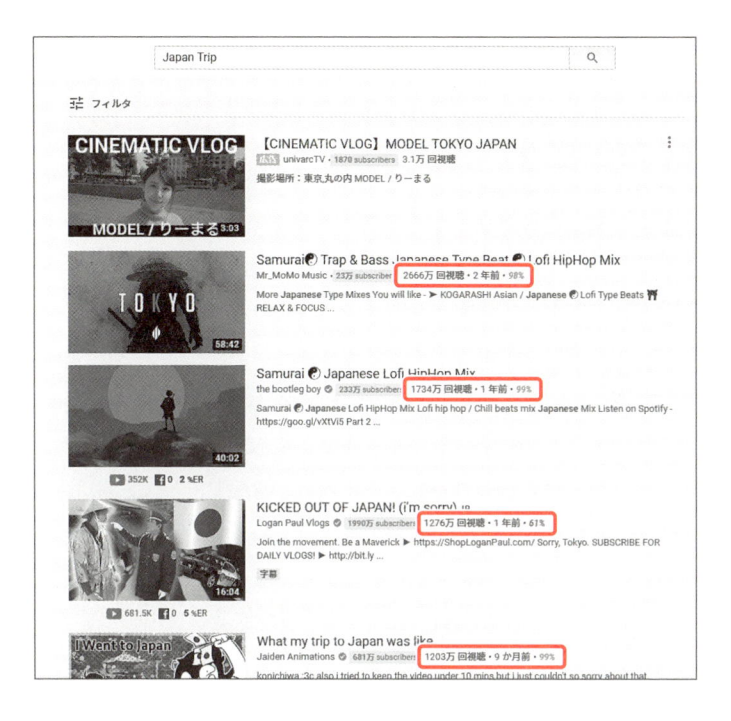

視聴回数順に表示することで、公開日を考慮せずに視聴回数の多い動画が順番に表示される。公開からの経過期間と視聴回数に注目して月当たりの平均視聴回数を調べることで動画の人気度の大枠を把握することができる。

Chapter 5

9 競合他社のチャンネル調査

- 競合他社のチャンネルの動きを調査する
- 競合他社が公開する動画からユーザーのニーズを把握する
- データ設定を見るだけでチャンネル運用をおこなっているか判断できる

▶ 競合他社はチャンネルを運用しているか

企業によってYouTubeの活用方法は大きく異なります。動画広告を中心に配信している企業は、チャンネル内に30秒以下のCM動画が多く、それらの視聴回数を日々計測することでおおよその広告トラフィック量を把握することができます。比較的短い動画で、50万回以上の視聴回数を超える動画は、動画広告として配信されている可能性が高いと考えられます。

一方で、動画によって視聴回数のばらつきが目立つチャンネルは自然流入と考えられます。チャンネルの持つ登録者数と比較して、視聴回数が突出しているものはユーザーからの視聴ニーズがあると考えられます。競合他社がどのような動画をどの程度定期的に配信しているかを調査することによって、動画を公開するサイクルを把握することができます。

▶ データ設定から見る競合他社の動画活用度

競合他社を調査するにあたり、まず確認すべき点は、視聴回数ではなく動画のデータ設定です。たとえば、タイトルをどのように設定しているか、概要欄にはどのような記載があるかといったことを確認するだけでも、チャンネルがきちんと運用されているかどうかを把握することができます。動画は数多く公開されているが、カスタムサムネイルを利用していないチャンネルの場合は、継続してチャンネルを調査する必要があります。

競合他社を調査するにあたり、チャンネルページを確認することも重要です。チャンネルアートは多くの企業で設定されていますが、チャンネルページのカスタマイズがどの程度されているか、再生リストを作成しているか、チャンネルの概要欄は記載されているか、チャンネル名は適切かなどを調査することで、動画の活用度を把握することができます。

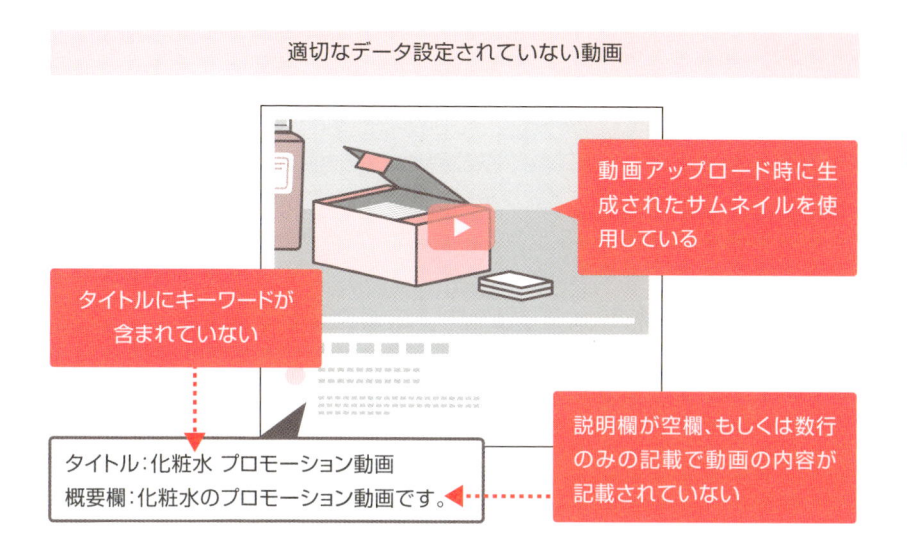

適切なデータ設定されていない動画

動画アップロード時に生成されたサムネイルを使用している

タイトルにキーワードが含まれていない

説明欄が空欄、もしくは数行のみの記載で動画の内容が記載されていない

タイトル：化粧水 プロモーション動画
概要欄：化粧水のプロモーション動画です。

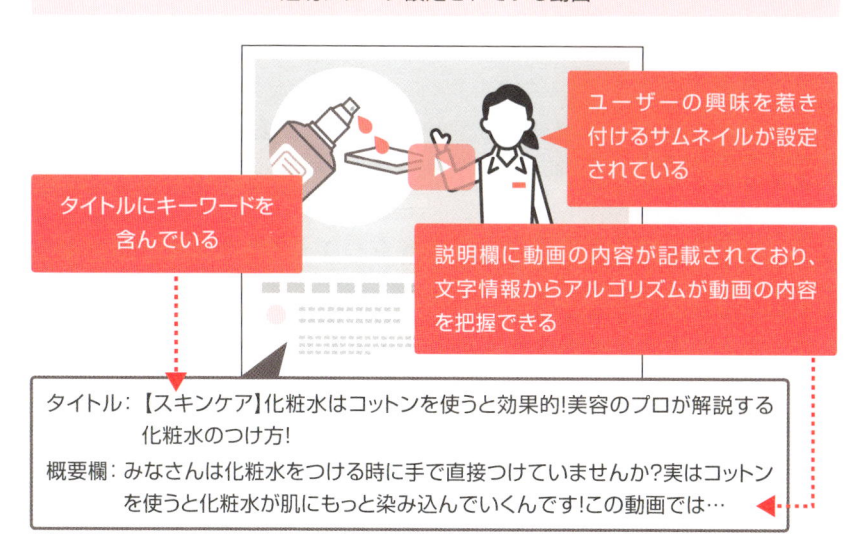

適切にデータ設定されている動画

ユーザーの興味を惹き付けるサムネイルが設定されている

タイトルにキーワードを含んでいる

説明欄に動画の内容が記載されており、文字情報からアルゴリズムが動画の内容を把握できる

タイトル：【スキンケア】化粧水はコットンを使うと効果的!美容のプロが解説する化粧水のつけ方!
概要欄：みなさんは化粧水をつける時に手で直接つけていませんか?実はコットンを使うと化粧水が肌にもっと染み込んでいくんです!この動画では…

動画のサムネイルやタイトル、説明欄を適切に記載されているチャンネルは適切なデータ設定と運用がされていると判断できる。反対にデータ設定が最低限しかされていない場合、チャンネルの運用がそれほどされていないと判断できる。

業界に特化したYouTube クリエイターの存在

- 専門性を特徴とするYouTube クリエイターが存在する
- 業界特化のYouTube クリエイターから間接的にユーザーにリーチする
- YouTube クリエイターによってデータ設定に特徴がある

▶ 業界に特化したYouTube クリエイターとは

　YouTube 上でこれから扱おうとするテーマについて、同じように扱っているチャンネルは競合他社よりも、むしろYouTube クリエイターの方が多いケースがあります。動画の作り方は、業界によってさまざまです。ナレーションのみの動画や、文字が流れ続ける動画、さまざまな商品を紹介することに特化した動画、商品の外観だけを撮影している動画など、チャンネルのテーマを明確にし、そのテーマや方針に沿った動画のみを制作するYouTube クリエイターが数多く存在します。

　商品の紹介などに特化したYouTube クリエイター以外にも、専門知識に特化したチャンネルも数多くあります。この場合、企業としてチャンネルを運用しているケースよりも、企業を運営している個人がチャンネル運用を行うYouTube クリエイターが存在します。彼らの更新頻度はさまざまで、定期的に動画を公開するチャンネルもあれば、不定期で公開するチャンネルもあります。

▶ なぜ業界に特化したYouTube クリエイターの調査が必要か

　YouTube 上では、ユーザーは明確な視聴目的があり、求める情報に答える動画を視聴する傾向があるため、企業らしいCMやプロモーション動画は視聴されにくい傾向があります。そのような動画よりもYouTube クリエイターの動画の方が、ユーザーの悩みを解決したり、知りたい情報や知識を提供するなど目的が明確で、さらに専門家であるために発言内容の信頼性が高いといえます。企業は彼らの動画に関連動画として表示させることで、間接的にターゲットユーザーにリーチすることができます。

　関連動画としてYouTube クリエイターの動画に表示させることはよいことですが、そうしづらい場合もあります。原因はデータ設定です。YouTube クリエイターは自身のチャンネルで公開している動画のみを関連動画に表示させる施策を選択する傾向があり、タグの構成にチャンネル名や氏名など独自のキーワードを使用する傾向があ

ります。一方で、関連動画よりも他チャンネルへの表示を重要視するYouTubeクリエイターも存在しますが、このような場合は関連動画として表示させやすくなります。

業界に特化したYouTubeクリエイターの関連動画に表示させることで潜在ターゲットユーザーにアプローチする

「コスメ」でチャンネルのフィルタを適応した状態の検索結果。コスメを中心に活動しているYouTubeクリエイターは多数存在する。彼らがどのような動画を公開しているか、動画構成やデータ設定を含めて調査することが必要。

関連動画に
何が表示されているか

- YouTubeクリエイターは自身の動画が関連動画に表示される設定を行うことが多い
- シークレットモードを使用することで適切な関連動画の状況が把握できる
- 表示される関連動画は動画制作のヒントになる

▶ YouTubeクリエイターの関連動画

　YouTubeクリエイターの動画を視聴していると、関連動画にもそのクリエイターの動画が多数表示されることがあります。たとえば、視聴中の動画が"商品レビュー"の動画であるにも関わらず、関連動画として表示されているのは、そのYouTubeクリエイターの"旅行"の動画であることがあります。商品レビューと旅行に関連性があるとは考えづらいですが、アルゴリズムはそれらを関連性があると判断しているということです。

　YouTubeクリエイターは、自身の動画が視聴されているときは自身の動画が表示されやすいようにデータ設定を行う傾向があります。しかし関連動画のすべてがそのYouTubeクリエイターの動画というわけではありません。中には視聴回数の少ない動画も混在しているケースもあります。このような場合、YouTubeクリエイターの動画に、なぜ別のクリエイターの動画が表示されたのかを調査する必要があります。タイトルやタグ、概要欄を調査することで、どのような動画が表示される傾向にあるかを把握することができます。

▶ アルゴリズムがどのように動画を判断しているかを知る

　関連動画を調査すると、表示されている動画がアルゴリズムにどのように判断されているかをある程度把握することができます。これを調べるためには、自身の過去の検索履歴が関連動画のアルゴリズムに影響を与えないよう、**シークレットモード**を使用する必要があります。こうすることで、視聴中の動画が他のどの動画と関連性が高いとアルゴリズムが判定しているかがわかります。

　関連動画は動画を制作する上でのヒントともなります。アルゴリズムはユーザーの視聴傾向やその動画が誰に視聴されたかを把握しています。Googleアカウントにログインした状態では、自身の視聴履歴が影響を与えてしまいますが、シークレットモー

ドの場合は、その動画が誰に視聴されたのか、そしてそれらのユーザーは次にどんな動画を好んで視聴したのかがわかります。関連動画のアルゴリズムが取り扱うテーマの幅を広げたこともあり、どのテーマとどのテーマが関連性が高いとアルゴリズムが判定しているかを調査することができます。

YouTubeクリエイターによって関連動画の表示が異なる

● 自分のチャンネルの動画を関連動画に出やすくするよう設定している
YouTubeクリエイターの関連動画の例

● 自分のチャンネルの動画が他のチャンネルの動画に広く表示されるように
設定しているYouTubeクリエイターの関連動画の例

チャンネルやYouTubeクリエイターによって動画のデータ設定は特徴がある。
自分の動画を見ているユーザーが、自分の他の動画を視聴できるようにデータ設定しているYouTubeクリエイターの場合は、そのYouTubeクリエイターの動画が多く関連動画に表示されるため、他のチャンネルが表示させることは困難。
チャンネル登録者数が多いYouTubeクリエイターにこの傾向が見られる。
一方自分の動画が他のチャンネルの動画の関連動画として表示されるよう設定しているチャンネルも存在する。このような動画はそのチャンネルの動画の関連動画は他チャンネルの動画が多く表示されることが多いため、他チャンネルは動画を表示する機会を獲得しやすい。このようなデータ設定はWebメディアのチャンネルやチャンネル登録者が多くないYouTubeクリエイターに多く見られる。

類似動画の傾向を把握する

- 類似する動画でも視聴回数に開きがある
- 視聴回数が突出している動画のサムネイルは参考になる
- YouTubeはサムネイル主導で動画制作を行うことがある

▶ 同じような動画でも視聴回数が異なる

　一見似たような構成の動画であっても、視聴回数が異なる場合が多々あります。とくにチャンネル登録者が多いチャンネルの動画の場合は、すでに抱えているユーザーの母数が異なるために、チャンネルページから数多くの登録者が視聴することによって視聴回数が増加することがあります。しかし、類似する動画でチャンネル登録者数も同じ程度にも関わらず、視聴回数が多い動画が存在します。

　考えられるのは、他の動画がデータ設定の問題で視聴回数が低い場合です。同じテーマを扱っていても、データ設定を特定の動画がきちんと行い、それ以外の動画が未着手の場合は、データ設定をきちんと行った動画に視聴回数が集まる可能性があります。この場合、1つの動画ということはあまりなく、3本〜5本など複数の動画に視聴が集まるケースが多いです。

▶ データ設定やサムネイルの傾向を把握する

　類似する動画であっても、視聴回数が突出するもう一つのパターンがサムネイルやタイトルなどの工夫です。YouTube上では常に、動画は一覧でサムネイルとタイトルが表示されています。YouTube検索への対策のためにタイトルを工夫することもありますが、より効果が高いのがサムネイルです。動画の内容を把握しやすく、ユーザーからの興味関心を引いた上で、視聴回数を増加させています。

　動画は常に一覧表示されるため、サムネイルが他の動画よりもインパクトが弱い場合は、いくら月間の検索量や表示回数があったとしても、クリックされず視聴されません。サムネイルがデザインの違いで埋もれてしまった場合、視聴回数を増加させることは困難です。動画を制作する前に、どのようなサムネイルであれば視聴回数が増加しやすいかという傾向を把握した上で、制作に入ります。つまり、YouTube上ではサムネイル主導の動画制作を行う必要があるということです。

カスタムサムネイルが設定されていない例（上）と設定されている例（下）

カスタムサムネイルが活用されていない

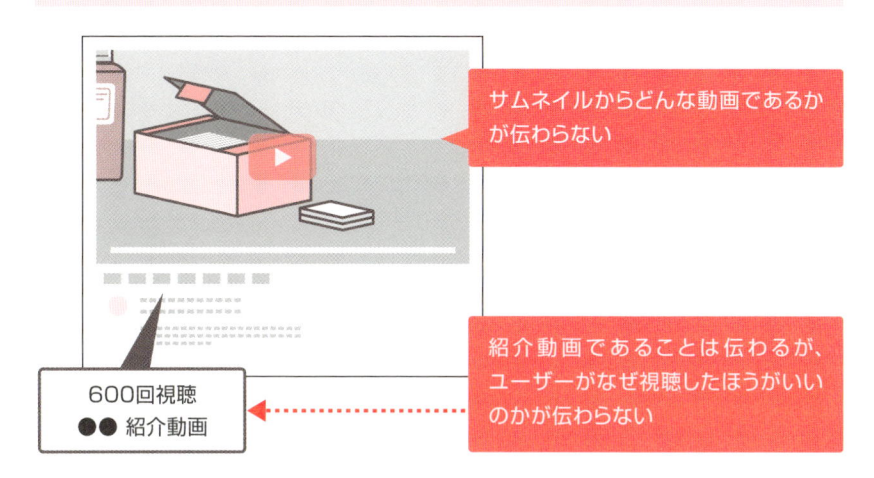

サムネイルからどんな動画であるかが伝わらない

600回視聴
●● 紹介動画

紹介動画であることは伝わるが、ユーザーがなぜ視聴したほうがいいのかが伝わらない

カスタムサムネイルが活用されている

○○の使い方!
オススメ
便利!

サムネイルから使い方の動画であることが伝わる。
さらに便利であることも伝わる

100万回視聴
【レビュー】便利な●●使い方!

タイトルから「レビュー動画」であることが伝わる。使い方の説明も含むことも伝わる

サムネイルはクリック率を大きく左右させる要素の一つ。動画の視聴のきっかけとなるのはサムネイルであり、ユーザーへ表示されるきっかけとなるのはタイトルと説明文であることから、それぞれ適切なデータ設定が必要である。

Column 調査でわかる視聴回数が上がらない動画の原因

　動画の調査を進めていくと、ユーザーはシンプルなものを好むということがわかります。当然のことのようですが、実はこれができていない動画は非常に多くあります。エンタテインメントや音楽などでも同様の傾向はありますが、顕著に視聴回数に直結するのは、知識やHow toなどの動画です。

　音楽やエンタテインメントは、暇つぶしで何となく視聴するタイプの動画ですが、たとえばクラシックやポップミュージックなど、人によって好むジャンルが異なります。つまり好みによって分かれるものであり、ニーズの多いジャンルであれば、母数が多いため視聴回数も上がりやすくなります。

　一方、知識やHow toの動画は、好みではありません。これらの動画はユーザーにとって明確な視聴目的があり、視聴することで実利が発生する動画といえます。そのために、わざわざYouTube検索で調べて、参考になりそうな動画を視聴するのです。動画のテーマがユーザーの趣味と合致した場合は、チャンネル登録を行うかもしれません。これも趣味の幅を広げたり、知識を広げたりといった、ユーザーにとっての実利が動機となっています。

　こうした認識で調査を進めていくと、視聴回数が上がらない動画の傾向が見えてきます。「シンプルでない」ということです。これはつまり、動画やサムネイルを見たときに、自分に実利があるかわからないと判断されてしまうということです。

　たとえば、「車のキズの直し方」という動画を探しているユーザーは、自分の車の特定の場所にキズがあるはずです。そこで、「車のバンパーのキズの直し方」などのように、キズの場所を特定したほうがメッセージがより明確にシンプルになります。漠然としたタイトルでは、ユーザーが求める動画とは違うと判断されてしまう可能性があります。

　しかし、このような動画も数多く公開されており、ユーザーはどれを視聴しても同じ手順を教えられるだけだと判断するかもしれません。そこで重要なのが、ユーザーの実利に直結するかどうかです。車のキズでいうと、塗装の削れは通常、パテと呼ばれる補修材で補修します。車のキズを補修する動画は、この手順を説明するものが多いです。しかしたとえば「パテを使わないキズの直し方」であれば、パテを使わないという実利が生まれます。これがユーザーの目を引くポイントにもなります。

　知識やHow toのジャンルは、ユーザーが求めるものをいかにシンプルに伝えるか、そしてユーザーの実利になるかどうかが視聴回数を左右します。業界によってさまざまですので、どんなポイントがユーザーの興味を惹いているのかを把握するためにも、公開されている動画の調査が必要なのです。

Chapter 6

YouTubeに特化した動画の構成方法

── ユーザーとアルゴリズムに好かれる動画制作

　アルゴリズム最適化において、動画構成は視聴回数を左右する大きな要素の一つです。動画が短ければ総再生時間数を獲得できず、長すぎれば視聴者維持率を獲得できず、結果的に視聴回数が伸び悩んでしまう原因となります。サムネイルやタイトルから視聴する動画を判断するため、動画冒頭も非常に重要です。本章では、YouTubeに最適な動画構成について説明します。

視聴の対象を広げるために

- 関連動画やトップページのトラフィックがユーザーの幅を広げる
- 限定されたユーザーのみに有益な動画ではリーチ母数が狭まる
- ユーザーの抱える課題に焦点を当てることで視聴の幅を広げる

▶ ユーザーの目に触れる必要がある

　私たちは何かを買うときに、通常は必要性を感じてから購入します。消耗品が無くなりそうであったり、使用していたものが破損してしまったりした場合です。一方で、これまで必要性を感じていなかったけれど、商品の機能や説明に魅力を感じて購入することも珍しいことではありません。

　外に買い物に出かけると、こうした状況に遭遇する機会が多くあります。この場合、知らなかった商品に出会うきっかけは、「外に出かける」という行為となります。商品にとって消費者と遭遇することが販売のきっかけとなるように、動画にとってもユーザーに遭遇することが必要です。YouTubeの場合では、関連動画やトップページが、動画と遭遇するきっかけを作ってくれます。

▶ 広い視聴対象の必要性

　多くのユーザーに視聴されるためには、多くのユーザーにとって有益な動画でなければなりません。限定されたユーザーにのみ有益な動画では、視聴範囲が狭まってしまいます。商品の使い方動画はその一例です。企業の場合、商品の販売が目的のため、動画の制作も商品の宣伝を中心に考えることが多くなります。しかし、ユーザーがその商品を使用することによって解決できる課題などを中心に考えると、動画を視聴するユーザーの幅はより広がります。

　より多くのユーザーに視聴されるためには、「ユーザーがなぜその動画を視聴するのか」を考える必要があります。たとえば、ユーザーの課題を自社の商品が解決できる場合、多くの視聴対象を獲得するためには、商品に焦点を当てるのではなく、ユーザーが抱える課題に焦点を当てる必要があります。その課題が普遍的であればあるほど、視聴対象となるユーザーの幅は広がり、動画が視聴されれば結果としてチャンネルが認識されて、他の動画へと視聴が広がる可能性があります。

視聴対象が限定的な動画と幅の広い動画

視聴ユーザーが限定的な例

ユーザーは動画に
登場する商品を
持っているか、購入
を検討している必
要がある

車のキズの直し方を
知りたいユーザー

視聴ユーザーの課題を解決する動画の例

車のキズの補修方
法を解説する動画
はユーザーが知り
たいことと直結す
るため視聴される
可能性は高い

商品の使い方に限定すると、ユーザーはその商品を使った場合の方法として認識
するため、動画を視聴するユーザーの範囲は限定される。
しかしユーザーの課題を動画のテーマとすると、商品が限定されているわけでは
ないので、視聴したいと思うユーザーの範囲は広くなる。幅広いユーザーにリー
チするためには、多くのユーザーにとって有益な動画である必要がある。

Webの情報と同じ動画を見るユーザー

- テキストと画像では伝わる情報が限られる
- ユーザーにとって動画は受動的で気軽に扱えるメディアである
- 80%のユーザーがWebで見た情報と同じものを動画でも見ている

▶ 動画は情報が伝わりやすい

　ユーザーは何かについて疑問を持ったとき、検索エンジンを利用してWebページを閲覧することで情報を得ます。必要な情報が知識にとどまるならば、それ以上の検索を行う可能性は低くなります。しかし、使用感など感覚的な情報を得たいのであれば、画像と文字で構成されているWebページでは、伝えられる情報は限られます。体験という視覚と聴覚を一体化させた情報伝達の手段として、動画はより効率良くユーザーへ情報を届けてくれます。

　動画は再生するだけで情報が自動的に提供されるメディアです。テキスト情報は音声に変わって動画に出演している人が喋ってくれますし、画像は映像となって動き、音声と組み合わせることでどのような雰囲気なのか、どのような使用感なのかを擬似的に体験させてくれます。文字情報よりも受動的なメディアであるために、気軽に視聴できることも、動画の利点の一つです。

▶ 動画は情報の再確認に利用される

　文章を読んで、理解に誤りがないか不安に感じることは多々あります。Web上の画像で良いと思った商品が実際に届いてみると、想像とは違ったという話もよくあります。文字や画像は自分が想像できる範囲内で理解することになるため、実際とは異なることがあります。

　こうした認識のズレを解消するために、動画を視聴するユーザーが増加傾向にあるといわれています。ホテル向けチャネルマネージャー大手のSiteMinderは、20%のユーザーが文章を読む一方で、80%のユーザーが同じ内容の動画を見ていると報告しています。Webページは場所やホテルに関する説明にとどまりますが、動画による説明の場合、地域の雰囲気という感覚的な情報を獲得することができます。地域の様子やどのような人がいるのか、掲載されていないお店であっても動画であれば数秒で情

報を獲得することが可能です。文字による情報は人それぞれの理解の仕方によって差が生じますが、動画はさまざまな情報を一度に獲得できるため、理解に対する確認という目的でも視聴されています。

Webページでは伝わりづらい情報も動画では細部まで情報が伝達しやすい

テキストや画像では細かな情報が伝わりづらく、認識に違いが生じることがある。

動画はテキストと画像よりも多くの情報を含むため、より多くのメッセージを伝えやすく、ユーザーもより容易にメッセージを受け取ることができる。

3 ユーザーと企業との 共感の軸の明確化

- ユーザーの日常に焦点をあてることで共感を生みやすくなる
- YouTubeクリエイターは日常をテーマに動画を制作することが多い
- 日常をテーマにするとユーザーからの反応を得やすくなる

▶ 日常が共感や興味に繋がる

　何か疑問を持ったとき、人は誰かに聞いたり、自分で調べるなどしてそれを解決しようとします。一方で、偶然に何かを見たり聞いたりすることで、興味を持つこともあります。書店で何気なく本を手に取ったことがきっかけで、あるテーマに興味を持つようになることもあります。そのテーマが自分の生活に関係があるかどうか、日常生活と照らし合わせながら情報を獲得し、興味の有無を振り分けています。

　独身男性にベビーカーを勧めても興味関心を持ちづらいのと同じように、自分の生活と関係性が低いものは興味が湧きづらく、反対に関係性が高いものは共感を軸に興味が湧きやすくなります。YouTubeの多くのユーザーは、業務などで誰かに指示されて視聴しているのではなく、プライベートで自発的に視聴する傾向が強くあります。そのため、動画を制作する前の構成の段階で、ユーザーと企業との共感の軸を探り、明確化する必要があります。

▶ YouTubeクリエイターは日常をテーマとすることが多い

　ユーザーが日常生活の中でYouTubeを視聴していることから、彼らの生活と関連性の高い動画であることが必要です。YouTubeクリエイターはユーザーの日常生活を重視して動画を制作する傾向にあり、季節によってトレンドを変えています。2月から3月にかけては引っ越しをテーマにしたり、4月は入学や入社といった自身の過去を振り返るテーマにしたりして、ユーザーがそのときに置かれている環境に共感しやすい動画を公開しています。

　ユーザーが自分の状況と照らし合わせることができるテーマとすることで、動画への共感が得られやすくなります。動画の内容に共感したときに、ユーザーはその動画に対するアクションが取りやすくなります。自身の考えや意見をコメントとして投稿したり、動画に対して評価をしたり、SNSなどで誰かに共有したりなどを行います。

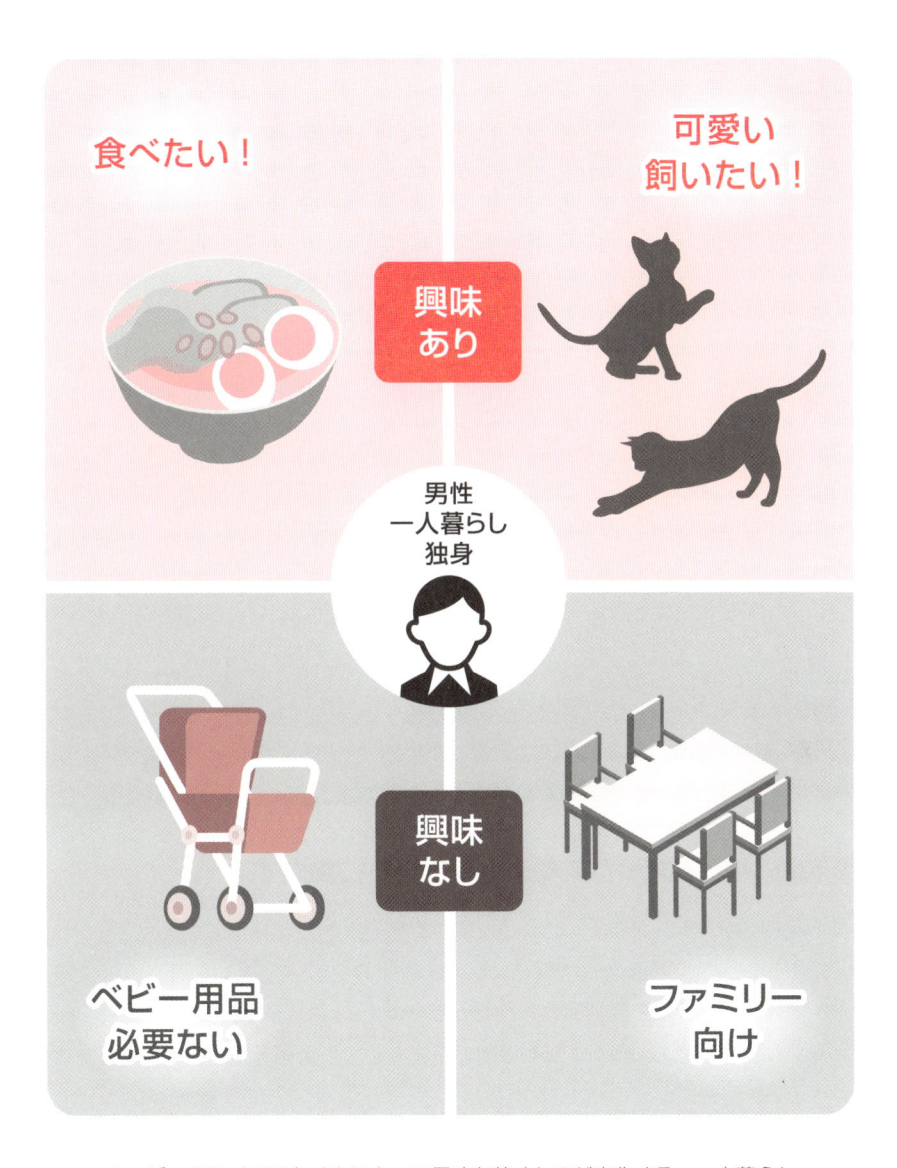

食べたい！

可愛い
飼いたい！

興味
あり

男性
一人暮らし
独身

興味
なし

ベビー用品
必要ない

ファミリー
向け

ユーザーのライフスタイルによって興味を惹くものが変化する。一人暮らしの場合はファミリー向け商品やコンテンツよりも一人暮らし向けの商品やコンテンツの方が共感を得られやすい。

日常を主体とした動画テーマ

● 事業内容とユーザーとの日常における接点を考える
● 商品を中心とした動画構成ではユーザーが興味を持ちづらくなる
● 日常の課題をテーマとすることでユーザーの興味を抱きやすくする

▶ 生活と関係性があることが重要

　企業が動画を制作する場合でも、ユーザーの日常を中心としたテーマを考えることは重要です。YouTubeクリエイターは一定のテーマ内であればどのような内容でも扱うことが可能ですが、企業の場合は事業内容や商品、サービスと関連性のある内容でなければ、本来の目的である商品・サービスのプロモーション活動には結びつきにくくなってしまいます。

　しかし一方で、企業が提供している商品やサービスは、人の生活とどこかで関わりを持つものでもあります。商品はターゲットユーザーの何かに役立つものであり、抱える課題や悩みを解決するためのものです。課題や悩みがあるということは、それらが発生した原因があり、その原因の結果が日常となった結果、課題や悩みへと転換されたと考えられます。このように考えることで、ユーザーの生活と関係があり、かつ興味を持ちやすい動画のテーマを発見することができます。

▶ 利用シーンやライフスタイルを中心に構成する

　動画は商品を中心に構成を考えると、商品の使い方や開発技術などの内容になりがちです。もちろんこのような内容は、ある程度商品に興味や関心を持っているユーザーにとっては、購入を後押しする動画となります。しかしその段階まで興味を持っていないユーザーにとっては、興味や関心を持ちづらい動画となってしまう可能性があります。そこで、ユーザーが商品を使用する「シーン」や「ライフスタイル」を中心に考えることで、ユーザーが関心を抱きやすく、テーマの幅も広げることができます。

　商品を必要とするユーザーの課題について、情報源として信頼度の高い企業が発信することにより、ユーザーは確かな情報を獲得でき、企業は商品の販売促進を行うことができます。このように、ユーザーがどんな生活環境で何に課題を持ち、どんな事柄に興味を抱きやすいかを考えることが動画を構成する上で重要となります。

専門性の高いコンテンツは専門知識を持つユーザーにとっては有益な情報となるが、そうでないユーザーにとっては動画内で解説していることが理解しづらく、興味を失ってしまう。
その結果、動画がクリックされたとしても再生率が低下する可能性がある。

専門性に特化せず、ユーザーの知識レベルと合致させることでユーザーが理解しやすい動画となる。
ターゲットユーザーの利用シーンやライフスタイルを中心に動画を構成することでユーザーの課題を解決する動画となる。

テーマによって異なる
ユーザーの知りたいこと

- テーマによっても目的によってユーザーの知りたい内容は異なる
- 疑問を主体とする場合、疑問の種類を考える必要がある
- ユーザーの興味の方向性によって動画を構成する

▶ 大きなテーマではユーザーが欲する情報が異なる

　興味には種類があり、その種類によってどのような動画を制作すべきかが異なります。たとえば、「心理学を学びたい」という興味と「心理学を勉強するとどのような良いことがあるのか」という興味では、「心理学」というテーマは共通してはいるものの、ユーザーの求めるものは異なります。

　前者のユーザーをターゲットとする場合は、心理学についての概要やおすすめの書籍を紹介することができます。一方、後者のユーザーをターゲットとする場合は、さらにテーマを細分化し、営業マンにとって心理学を勉強するメリットや、面接時に役立つ心理学など、ユーザーの置かれている状況や視聴目的を想定した上で、ユーザーの求める情報を提供する必要があります。

▶ 疑問の種類によって異なる動画構成

　疑問についても、いくつかの種類に分けることができます。主婦層をターゲットとした場合、「カレーは何分煮込むのがベストなのか」という疑問と「カレーを時短で作る方法」という疑問では、疑問の種類も視聴目的も異なります。また、こうした視聴目的に対して、たとえば動画の冒頭で「カレーの歴史」を説明してしまうと、動画の中盤で視聴目的に沿った説明をしていたとしても、ユーザーはすぐに離脱してしまいます。知りたいという動機が前提である場合は、直接関係のない導入部分はカットすべきです。

　動画のテーマを決めるとき、興味や疑問の範囲が広いユーザーに向けるのか、狭いユーザー向けるのかによって、内容や構成は大きく変わります。同時に視聴目的も変わるため、ユーザーはなぜその動画を視聴するのかについて明確化する必要があります。取り扱うテーマと視聴目的が明確になった上で、伝えるべきメッセージをどのように伝えるかという動画の構成を考えることが大切です。

同じテーマでもユーザーの求めるものによって解説することは異なる。
ユーザーが求める情報と、その情報を得ることによってユーザーが得られる
メリットを明確にする必要がある。

6 知らなかったことにも興味を持つ

- ● ユーザーは元々知らなかったことにも興味を持つ
- ● 専門知識の場合は映像によってユーザーの興味を惹き付ける
- ● アルゴリズムによって認知されていなかったユーザーに動画を届けることができる

▶ 知らなかったことを知ることができる動画

疑問や興味は基本的に事前知識がある状態で発生しますが、元々知らなかったテーマに興味を持つこともあります。サムネイルを見て何となく面白そうだと思ってクリックしたところ、興味がわいて結果的に見続けてしまったというような場合です。事前知識を持ちづらいカテゴリには、工場や研究所など専門的な場所や、特定の人しか持たない専門知識などがあります。

このような、知らなかったことを知ることができる動画の場合、ユーザーは映し出される映像に興味を持つ傾向にあります。とくに専門知識を解説する動画の場合は、映像でユーザーの興味を惹きつけ、ナレーションやテロップなどでわかりやすい説明を行うことが多くあります。ユーザーの認知度が低く、検索されていない状態であったとしても、ユーザーにとって映像が新鮮であれば視聴されます。そして、それらの動画からチャンネルに興味が派生するきっかけともなります。

▶ アルゴリズムが理解するユーザーの興味

YouTubeを視聴していると、なぜこの動画が関連動画に表示されたのか不思議に思うことが多々あります。音楽の動画を視聴していて、昔好んで聞いていた歌手の動画がおすすめされたり、猛禽類の動画を視聴していて、爬虫類の動画がおすすめされたりします。YouTubeのアルゴリズムは、人には計算できない膨大なデータを分析することによって、動画がどんなユーザーに視聴されたかを把握して、厳選された動画を表示しています。

知らなかったことの動画は、ユーザーは全く知識の無い状態で視聴することになります。こうしたユーザーに対しても、アルゴリズムを活用することでプロモーションできることが、YouTubeの大きな利点です。したがって、これまで興味が無かったユーザーに対しても、興味を抱くようなテーマと動画の構成が重要となります。

フクロウの動画

表示された関連動画

フクロウの動画に関連動画として表示された動画は、フクロウ、猫、犬、カワウソ、ヘビ、ウサギ、オウムなど多岐に渡る。
知らなかった動画や、検索をしようと思わなかった動画やキーワードだが、表示されるとついつい見てしまうのではないだろうか。

7 1つの動画に1つの メッセージを伝える

- 1本の動画に複数のメッセージを入れることで視聴者維持率を下げる原因となる
- 1つのテーマを丁寧に説明する方が視聴者維持率を高めやすい
- 自社メディアの動画化は最初の取り組みとして着手しやすい

▶ メッセージは1本に集約すべきではない

　1本の動画にさまざまな情報を集約してしまうことは、ユーザーの視聴目的を希薄化することへ繋がります。たとえば、1つの機能について知りたいユーザーが、その機能の解説を含む10の機能を解説する動画を視聴した場合、ユーザーは視聴目的であった1つの機能の部分のみの解説を聞き、動画を離脱する可能性があります。このような構成は、アルゴリズム最適化の点から見ても、視聴者維持率を下げてしまう要因となります。

　ユーザーは特定の疑問や気になったテーマ以外は、よほど関連性が高くない限り興味を示さない傾向にあります。一方、気になった特定のテーマに対する掘り下げた解説や、そのテーマに付随する事柄の解説は、興味を持つ傾向にあります。そのため、1つの動画にたくさんのテーマを詰め込むのではなく、1つのテーマについてていねいに解説する方が、視聴者維持率の点で良い結果をもたらしやすくなります。

▶ 1つのメッセージを掘り下げて解説

　1つの動画で掘り下げてメッセージを伝えることは、企業にとってもメリットがあります。ターゲットユーザーが何を課題としていて、何を求めているのかを把握した上で、それに適した内容を伝えることが大切です。商品の紹介とは異なるため、CMなどでは伝えることができなかった、企業としてのメッセージを発信することが可能です。

　こうした動画の企画を立案する上で参考になるのが、多くの企業がSEO対策を目的として取り組んでいるブログ形式の**自社メディア**です。自社メディアの多くは、事業内容と関連性が高く、ユーザーが求めると考えられる知識について、専門的な視点からユーザーに噛み砕いて説明されているコンテンツが多くあります。それらを基にユーザーの傾向からテーマを選定して動画を制作することも、取り組みとしては適していると考えられます。

●イヤホンの種類

カナル型	Bluetooth（完全独立）
インナーイヤー型	Bluetooth（ネックバンド）
耳かけ型	Bluetooth（左右一体）
コード型	

●イヤホンのタイプ

スポーツタイプ	ノイズキャンセリング
ワイヤレスタイプ	リモコン付き
片耳ヘッドセット	カスタムIEM

1本の動画で様々なイヤホンを紹介する

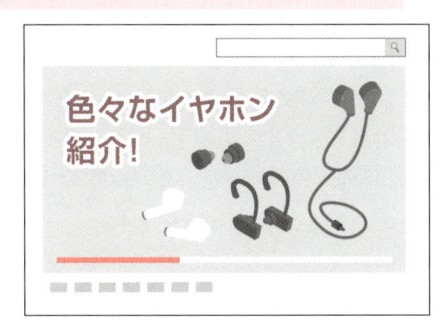

1つのテーマを掘り下げて解説する動画

テーマを広くしすぎるとユーザーが視聴する目的が薄れてしまい、結果的に再生率が悪くなってしまう可能性がある。イヤホンの例では、種類やタイプによって特徴が様々で、ユーザーは何が自分に合っているのかが分からず視聴している可能性が高い。

ユーザーの目的をテーマとして捉え、1本の動画内ではそのユーザーの目的に合わせたイヤホンが何なのかを掘り下げて解説することがユーザーにとっては有益である。

Chapter 6
8 複数の動画で1つのテーマを伝える

- 動画を細分化することでユーザーの動画視聴に関する利便性を高められる
- 動画単位でテーマを細分化することで動画同士でユーザーを送り合うことができる
- チャンネル全体を見たユーザーがどのようなチャンネルかを判断しやすくなる

▶ 複数の動画で1つのテーマを伝えるメリット

　動画を細分化するメリットとして、動画を視聴するユーザーの利便性の向上も挙げられます。メッセージを細分化することで、各動画には明確な視聴目的を持たせることができます。ユーザーによって、テーマのすべてを知りたい人から、テーマの一部のみを知りたい人までさまざまです。1つの動画にさまざまな要素を詰め込んでしまうと、ユーザーは興味のないシーンも含めてすべて視聴しなければ、知りたい内容を確認することができなくなってしまいます。

　しかし動画が細分化され、項目立てのように分かれていれば、ユーザーは自分の知りたい情報をすぐに見つけることができます。また、さらに情報を求める場合は、別の動画を選択することもできます。1本の動画を視聴して、チャンネル内で公開している他の動画が気になった場合、動画同士の関係性が強ければ、ユーザーを相互に送り合う状態となります。このような視聴経路が続いたとき、ユーザーは今後もチャンネルの動画を継続して視聴したいと判断し、チャンネル登録をする確率が高まります。

▶ 細分化することによるチャンネルへのメリット

　動画の細分化は、ユーザーだけでなく、チャンネルにもメリットがあります。1つのテーマに対して、項目ごとに複数の動画に分けてチャンネルを設計すると、チャンネルページへ訪れたユーザーは、そのチャンネルがどのような動画を配信しているのかが、サムネイルとタイトルによって明確になります。

　チャンネルが配信している情報を知るために動画を視聴しなければならないのでは、ユーザーへの負担が大きく、良い情報を配信していても伝わりづらくなってしまいます。ほかにも、動画の数が増えることにより、ユーザーにリーチできる機会も増加します。各動画がさまざまなユーザーにリーチし、それらの動画が1つのテーマを元に連動していることで、各動画が獲得したユーザーを相互に送り合うことができます。

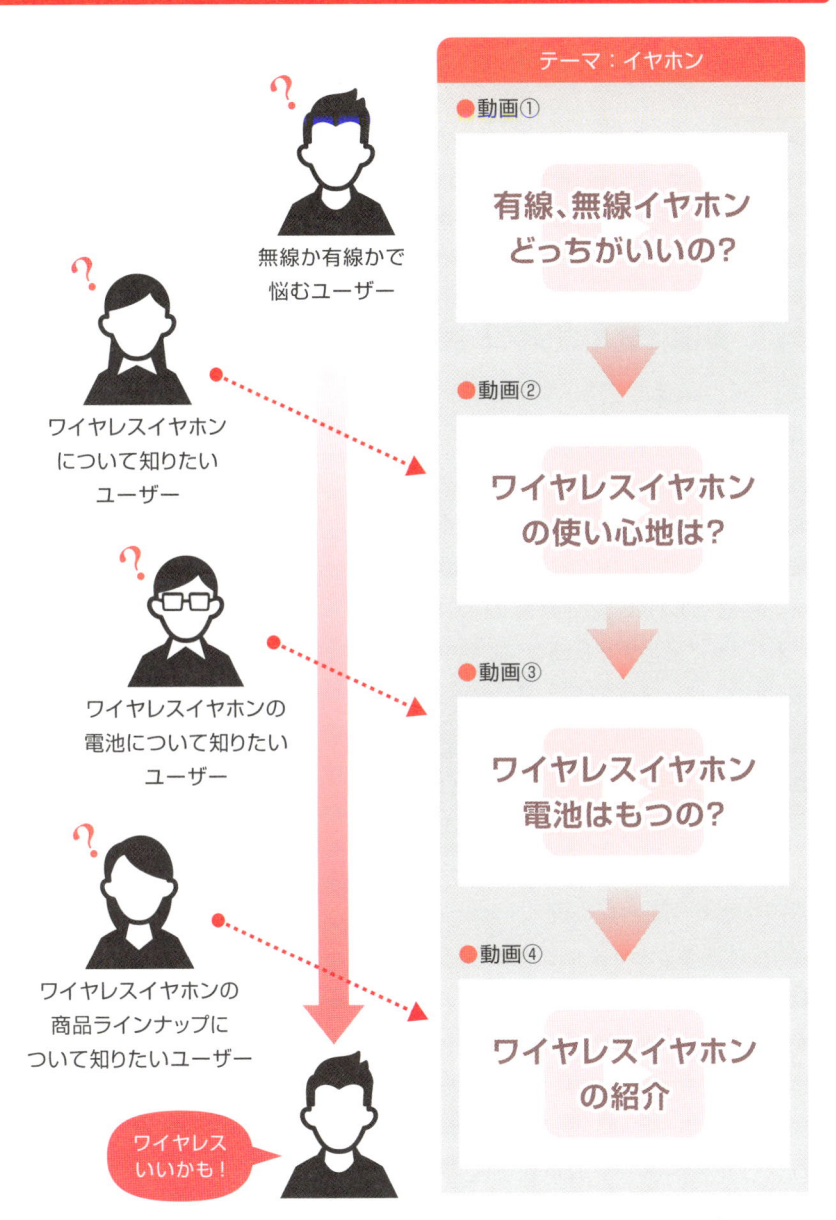

動画をテーマ単位で細分化することで、各テーマについて知りたいユーザーを取り込むことができる。

それらの動画をシリーズ化することで、次の動画の視聴を促すことが可能で、シリーズの最終的な帰結へ誘導することができる。

9 最適な動画の長さ

- 長い動画は短い動画よりもアルゴリズム最適化の点において有利
- 動画は短くても5分。短い動画は効果が出づらい
- 長い動画は公開後の視聴者維持率の確認が必要

▶ 短い動画はアルゴリズム最適化にも良くない

　短くないと最後まで見られないということがよく言われます。たしかに短い方が視聴者維持率は高くなる傾向にあります。たとえば15秒のCM動画では、視聴者維持率が50%を切ることはほとんどありません。しかし、短い動画の視聴者維持率を完全に信頼するのは難しいでしょう。なぜなら、ユーザーはその動画を再生している間に関連動画を探したり、検索をしている可能性があるからです。

　短い動画であれば、関連動画を探している間に最後まで視聴されたことになります。また、仮に最後まで視聴される確率が高くても、アルゴリズムが合計視聴時間数を重視している点から見ると、視聴回数の多さに対してアルゴリズムの評価はそれほど上がりません。結果として、短い動画はアルゴリズム最適化の点から見ても、長い動画と比較すると不利になります。

▶ 動画は短くとも5分は必要

　最適な動画の長さは、伝えるメッセージや動画の種類によっても異なるため、無理に長くする必要はありません。動画を無理に長くしたとしても、視聴者維持率が悪ければ、アルゴリズムは最後まで視聴されない動画であると判断しかねません。しかしながら、どんな種類の動画であっても、長さとして5分は必要で、2分〜3分の動画ではアルゴリズムに最適化したデータ設定を行っても、大きな効果は見られにくいです。

　How To動画など何かを説明する動画は5分程度が最適ですが、プロセスを紹介する動画は比較的長くても視聴者維持率を維持できる傾向にあります。たとえばYouTubeには「ASMR」という種類の動画が多く公開されていますが、15分から長いものでは1時間を超えています。企業チャンネル認知のきっかけづくりとして**ASMR動画**を使う場合は、15分程度でも多くのユーザーからの視聴を獲得できるでしょう。長い動画を制作する場合は、公開後の視聴者維持率の獲得状況に注意が必要です。

動画A

長さ：15秒
視聴回数：1000回
視聴者維持率：90%
総再生時間：3時間45分

動画B

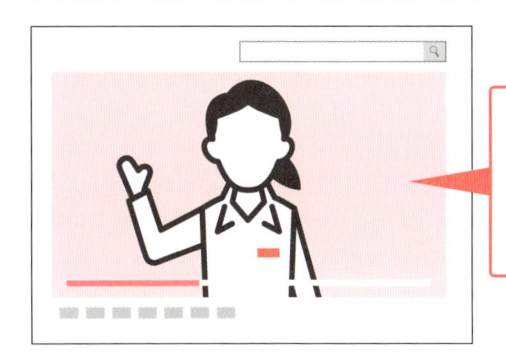

長さ：5分
視聴回数：1000回
視聴者維持率：45%
総再生時間：29時間10分！

動画Bの方が
総再生時間数は
長い

視聴回数が同じで、視聴者維持率が半分であっても、総再生時間数
には大きな開きが出る。

10 最初の３秒が重要な理由

- 冒頭のタイトルで40%のユーザーが離脱することがある
- ユーザーは動画の内容を予測した上で視聴している
- 動画の途中で視聴者維持率が大幅に下がることはあまりない

▶ 動画冒頭のタイトルやアニメーションは視聴者維持率に悪影響

　動画の構成として、冒頭部分にタイトルを入れることは一般的です。しかしYouTubeの場合、冒頭にタイトルが入ると、ユーザーは非常に高い割合で離脱する傾向があります。離脱が高いケースでは、開始3秒で40%のユーザーが離脱することもあります。その原因は、ユーザーは動画を視聴する前に、すでにどのような動画であるかをあらかじめ期待した上で視聴を開始しているからです。

　ユーザーが1つの動画を視聴する前には、彼らには多くの選択肢が与えられています。検索の場合は動画のリストから、トップページの場合はあなたへのおすすめから、関連動画の場合は類似する他チャンネルの動画が、動画を視聴する前に選択肢として与えられています。その中から、ユーザーは1つの動画を選択して視聴しており、選択の判断はサムネイルとタイトルによってなされています。つまりユーザーは、動画を見る前から事前情報を持った上で視聴しているのです。

▶ 期待する内容が冒頭３秒で出なければ離脱する

　ユーザーは、ある程度内容を予測した上で、視聴目的と合致すると考えた動画をクリックしています。そのため、期待するものが出てこなければ、すぐに他の動画へ目移りしてしまいます。冒頭にタイトルなど動画の内容と関係ないシーンが表示されると、期待する内容と違うと判断し、離脱してしまうのです。

　冒頭のシーンで離脱を抑えることができれば、ユーザーは比較的長く視聴する傾向にあります。離脱率は緩やかに増加しますが、視聴者維持率が10秒を経過したあたりからいきなり下がるということはあまりありません。大幅に離脱する部分は動画の冒頭のみといってもよいでしょう。YouTubeクリエイターは動画本編の中盤を冒頭に配置したり、サムネイルやタイトルと関連するシーンを動画の冒頭に配置したり、冒頭から本編を開始するなどして、ユーザーの離脱を防ぐ工夫を行っています。

「スピーカー おすすめ」
で検索

スピーカーを探して
いるユーザー

早く始まらない
かな…

オススメ
スピーカーを
ご紹介!!

もういいや、
別の動画を
見よう

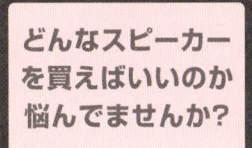

どんなスピーカー
を買えばいいのか
悩んでませんか?

ユーザーはサムネイルとタイトルから動画の内容をある程度把握した状態で
視聴を開始している。
タイトルなど動画の内容と関係の無い映像が続くとユーザーは飽きてしまい、
別の動画へ移動してしまう。

11 シリーズ化を前提とした構成

- ● ユーザーは類似する動画を好んで視聴する
- ● 無関心の状態からユーザーの興味関心を獲得することがシリーズ化の目的
- ● 具体的な商品の紹介動画へのユーザーを誘導させる流れが必要

▶ ユーザーは類似する動画を視聴する傾向にある

　人は音楽において特定のジャンルを好んで聞くように、YouTube動画においても類似する動画を好んで視聴する傾向にあります。そこで、チャンネル設計の段階でさまざまなシリーズを準備し、どのシリーズが人気になるかを観察する必要があります。シリーズ化にあたっては、テーマを限定し、ユーザーの視聴目的を明確にした上で動画を企画する必要があります。

　「どのシリーズが人気になるのか」「どのようなトラフィックで視聴されるのか」「どのトラフィックが視聴者維持率やクリック率、高評価などのエンゲージメントが高いのか」を計測するために、1つのシリーズに動画を複数本公開するのではなく、複数のシリーズに動画を1本ずつ公開する方が、視聴データの収集としては有益になるでしょう。そうして複数の動画を公開しながら、視聴回数の増加しやすい動画を視聴データを元に分析する必要があります。

▶ 見て欲しい動画へユーザーを誘導するために

　シリーズ化動画は、商品やサービスの販売と直結する可能性はそれほど高くありません。あくまでチャンネルの認知度を高めたり、商品を認知させるきっかけづくりを担うものであって、購買意識を高めるものではないからです。動画の中に商品を登場させて、興味関心を持ってもらうことがシリーズ化動画の目的となります。

　購買意識を高めるためには、ユーザーを商品の機能やスペックなどを紹介する動画に誘導する必要があります。その導線の設計も含めて、第4章で説明したチャンネル設計が重要となります。つまり、シリーズ化動画は商品に無関心な状態であるユーザーに興味を持たせることが目的であり、その先に具体的な商品の紹介動画へ誘導するという流れが必要なのです。その誘導のために、YouTube特有の機能である**終了画面**を活用する必要があります。

シリーズ化された動画に興味を持たせることでユーザーの関心を惹く

チャンネル認知のための動画

一人暮らし自炊シリーズ

一人暮らし必見!
5分でできる自炊料理
5選!

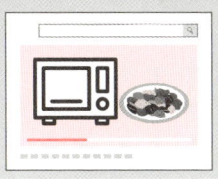

居酒屋メシ!
電子レンジでカンタン
5分おつまみ10選

作り置きおかず10品!
冷凍保存OKの
カンタン料理!

便利機能の活用術

便利! 知られざる電子レン
ジの機能を使ったカンタン
料理10品を一気に紹介!

時短朝ごはんにピッタリ!
炊飯器だけでできる
ご飯料理5品を紹介!

炊飯器でここまでできる!?
便利機能でカンタンに
作れるおかず5品!

販売目的のための動画

商品特徴紹介

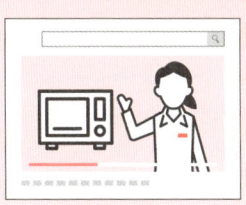

新商品! 電子レンジの
機能を全部紹介!

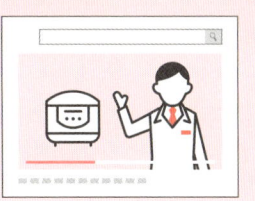

ここまでできる! 炊飯器の
最新機能を一挙紹介!

商品の使い方紹介

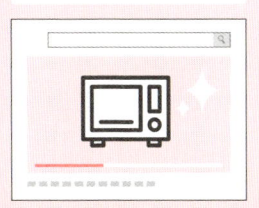

新商品 電子レンジの
使い方

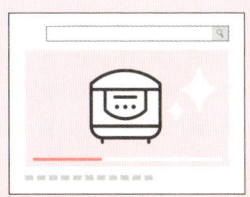

新商品 炊飯器の使い方

Chapter 6
12 終了画面を入れる前提で動画を制作

- 終了画面は動画の最後にユーザーに見てほしい動画を設置できる
- 最短でも5秒間は表示する必要がある
- 終了画面は本編とは違う工夫を行う

▶ 終了画面とは

　終了画面とは、動画の最後に設置して、ユーザーへ自分のチャンネルの他の動画を
おすすめすることができる機能です。終了画面のレイアウトは自由に変更でき、おす
すめする動画も簡単に選択することができます。可能な設定は、「最近アップロードさ
れた動画を自動で表示」「特定の動画を表示」または「ユーザーの過去の視聴傾向を踏
まえて、チャンネル内の動画の中からアルゴリズムが最適と判断する動画を表示」で
す。チャンネル登録ボタンも設定できます。

　終了画面には短くとも5秒は表示しなければならないという仕様があります。最長
は20秒ですが、あまりに長すぎると視聴者維持率が低くなる可能性が高くなるため、
10秒から15秒程度が最適でしょう。この終了画面を入れる前提で動画を制作しなけ
れば、せっかくシリーズ化した動画であっても、他の動画へユーザーを誘導すること
ができなくなります。そのために、終了画面用のシーンもしくは終了画面を前提とし
た動画制作を行う必要があるのです。

▶ 終了画面を前提とした動画とは

　単に終了画面を入れるためだけのシーンを作り、毎回設置するのではなく、終了画
面で表示されるサムネイルのクリック率を高めるための施策が必要です。たとえば、
ハロウィンなど季節イベントを前に、息子と娘の衣装を選ぶために動画を視聴してい
るユーザーがいるとします。そのユーザーは、男の子向けハロウィン衣装の動画を視
聴し、その動画の終了画面に「女の子向けの衣装はこちらの動画で紹介しています」
という誘導が流れた場合、女の子向けの動画も視聴する確率は高いでしょう。

　その他にも、本編の動画が終了した後に、音声のみで動画の内容や撮影の感想を伝
えるという終了画面専用のシーンの作り方も工夫の一つです。オフショットやNG
シーンのような動画を終了画面に入れて工夫している動画もあります。または、終了

画面でおすすめの動画を大きくできるように終了画面用に動画として編集し、次に見るべき動画を促すことも可能です。終了画面は単に設置するのではなく、ユーザーを誘導するための工夫が必要になります。

終了画面の例

ユーザーの課題が複数ある場合、1本の動画をきっかけに別の動画へ誘導することも可能である。

息子と娘のいるユーザーが子ども用のハロウィンコスチュームを調べている場合、男の子用のコスチューム紹介動画をきっかけとし、終了画面で女の子用もあると伝えれば、ユーザーは視聴する可能性は高まるだろう。

Column 多くのチャンネルを発見するためのコツ

　動画制作を検討する際に重要な行程の一つが、すでに公開されている動画の調査です。「同じテーマや内容を訴求している動画が他にあるか」「どのようなタイプの動画が視聴回数を獲得しているのか」「他の動画はどのような構成なのか」などを調査します。

　ただ調査の際には、YouTubeの特性上、トップページや検索結果、関連動画はログインしている個人に最適化されてしまうため、調査を行う担当者の視聴履歴によるバイアスがかかった結果が表示されてしまいます。

　そこで役立つ機能が、Google Chromeの「シークレットモード」です。過去の閲覧データなどを保存しないため、バイアスのかかっていない状態で調査することができます。

　関連動画については、たとえばターゲットとされるキーワードで上位表示された動画の関連動画に、どのような動画が表示されているのかを調査できます。レビュー動画はYouTubeクリエイターによるものが多い傾向がありますが、彼らは関連動画に自身の動画が表示されやすいようにデータ設定を行っているケースが大半です。

　テーマや視聴回数によっては、自分の動画がYouTubeクリエイターによるレビュー動画の関連動画に表示される可能性もあります。しかし、動画の内容がそのYouTubeクリエイターのファン層のニーズに合致しない場合、表示されたとしても最後まで視聴されず、視聴者維持率を低下させるおそれがあります。どのような動画の関連動画へ表示されるべきなのか、または表示される可能性が高いのかを検討する上でも、シークレットモードによる調査が必要となります。

　また、動画の構成を考える上では、他国のユーザーが配信している動画も参考になります。「急上昇」と呼ばれる、一定期間内に視聴回数を多く獲得している動画のランキングを調査すると、各国のトレンドを知ることもできます。

　YouTube検索では、検索する言語を変更するだけで、検索結果はその入力された言語によるキーワードに対するランキングを表示するため、とくに言語の設定を意識することなく動画を調査することができます。「急上昇」のランキングについては、場所の設定に調査対象とする国を指定することで、その国におけるランキングが表示されます。どの国でどのような動画の人気が集まっているのか、また、それらの動画の関連動画にどのような動画が表示されているのかを知ることができます。

　シークレットモードを利用したり、検索する国や言語を変更したりすることで、より多くのチャンネルや動画を発見することができます。動画を制作する前に人気となりやすい動画の傾向や構成などを把握することができます。

動画のデータ設定

──文字を変えるだけで劇的に増加する再生数

　動画を制作し、アップロードする時に必要なのが動画の
データ設定です。タイトルやタグ、概要欄、言語、カテゴリな
ど動画にはさまざまな設定ができます。アルゴリズムはこの
設定を基に動画をどのユーザーに表示すべきかを決めていま
す。そのため、動画の視聴回数を左右する重要な設定となり
ます。本章では、チャンネルや動画に対してどのようにデータ
設定を行うかについて説明します。

チャンネルページの カスタマイズ

- チャンネルアートは2560px × 1440pxで6MB以下の画像を設定する
- チャンネルページを閲覧するユーザーはチャンネルに興味がある
- チャンネルカスタマイズで閲覧者にチャンネルに対して興味を持ってもらう

▶ チャンネルアート

チャンネルアートとは、チャンネルページの上部に表示される画像を指します。2560px × 1440pxで、6MB以下の画像データをアップロードすることで設定できます。チャンネルページを閲覧するユーザーは、そのチャンネルでは他にどのような動画があるのかを知るために訪れます。チャンネルページはWebサイトにおけるトップページと同等の位置付けで、直接チャンネル内に公開されている動画の一覧へ遷移しない限り、ほとんどすべてのユーザーから閲覧されるページでもあります。

ユーザーがチャンネルページを閲覧することは、他にどのような動画が公開されているのかという興味のあらわれでもあります。チャンネルアートはチャンネルに興味を持ったユーザーに訴求できる機会です。チャンネルアートが未設定の場合、チャンネルページ全体が簡素に見えてしまいます。ユーザーの興味を薄れさせないためにも、Webサイトに掲載している画像を流用するなどして、チャンネルアートを設定する必要があります。

▶ チャンネルカスタマイズ

チャンネルアートと同様に、**チャンネルのカスタマイズ**もユーザーの興味を惹く手段の一つです。チャンネルのカスタマイズとして、YouTubeにはチャンネル登録者と新規訪問者向けに、それぞれ視聴を促したい動画を設定することができる機能や、公開されている他の動画を任意でリスト表示することができる機能があります。

新規訪問者向けには、視聴回数の多い動画を設定したり、人気の動画や再生リストを表示させたりすることで、チャンネル内で公開している動画のシリーズを訴求することができます。一方、チャンネル登録者向けには、最新の動画を設定するなどして、継続的に動画を視聴してもらう施策を取ることが可能です。チャンネル登録者の数は、日々公開される動画を常に視聴している数ではないため、チャンネル登録の解除

を防ぐためにも、最新の動画を表示するなどして、長期間動画を視聴していないユーザーを飽きさせないための工夫が必要です。

チャンネルアートの設定画面

新規訪問者向けのチャンネルページ

チャンネルのデータ設定

- チャンネル名は日本語の方が良いケースが多い
- チャンネル名はユーザーの検索キーワードを参考に決定する
- チャンネルにもタグを設定する

▶ チャンネル名は日本語表記が良い

　YouTube内で企業名を入力して検索をしたときに、検索している企業のチャンネルが出てこないケースがあります。その多くが、チャンネル名を英字表記している場合です。YouTube検索は検索キーワードと動画のタイトルやチャンネル名との文字合致率を求めるため、英字表記でチャンネル名を設定していると、上位表示されにくくなることがあります。

　キーワード検索は通常、一般名詞や探している動画と関連性の高いキーワードで検索されます。そうした中で、企業名で検索をしているユーザーは、その企業が公開する動画に対する視聴目的が明確である可能性が高いと考えられます。そのようなユーザーを取りこぼさないためにも、企業名がどんなキーワードで検索されているのかを調査し、チャンネル名を検索されているキーワードで設定することが重要です。

▶ チャンネルタグの設定

　動画のタグは設定していても、**チャンネルタグ**は設定していないというケースが多くあります。チャンネルタグとは、チャンネルに設定するタグのことで、カンマで区切ることで1つのタグとして認識されます。企業公式のチャンネルの場合、企業名をチャンネル名とすることが大半です。しかし、展開する商品に類似するキーワードでユーザーが検索をしたときに、チャンネル名に重みを置いているYouTube検索では、検索結果画面に表示がされにくくなります。

　そのような検索にも表示されるために設定するべきデータがチャンネルタグです。企業名を入れながらも、ユーザーが検索する商品と関連するキーワードを設定することで、類似する商品に関する検索を行っているユーザーに対しても、チャンネルの表示機会を増加させることができます。

ターゲットユーザーの使用言語に合わせたチャンネル名

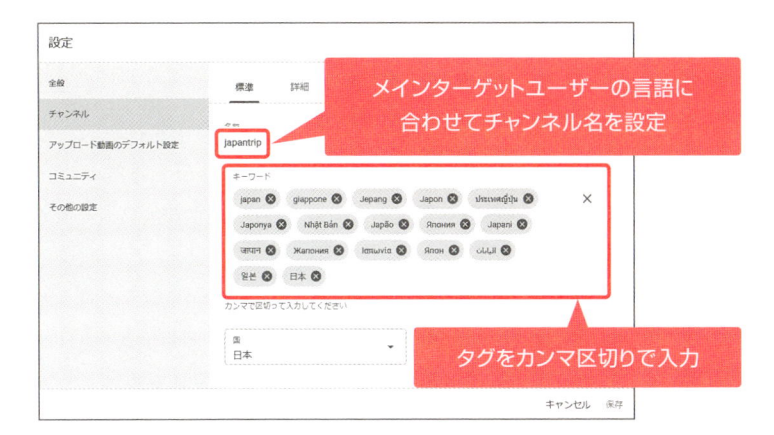

YouTube検索はチャンネル名を重視する

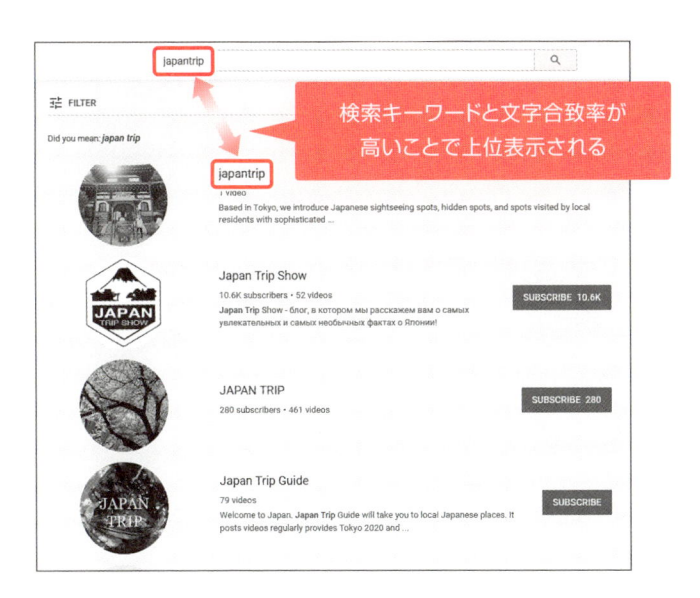

チャンネルの多言語化

- 国外ユーザーがターゲットの場合はチャンネルの言語設定を行う
- チャンネルの多言語化により国外ユーザーにもアプローチできる
- 米国消費者の3人に2人は旅行を考えているときに旅行関連の動画を視聴する

▶ チャンネルの多言語化とは

　国外のユーザーをターゲットとする場合に設定しておく必要があるのが、チャンネルの**多言語化設定**です。チャンネルの多言語化とは、チャンネル名とチャンネルの説明文を、元の言語とは異なる言語で設定することです。チャンネルをカスタマイズするページに表示されている歯車のアイコンをクリックし、「チャンネル情報を翻訳」というリンク文字をクリックすることで、チャンネルを各言語に対応させるためのページへと遷移することができます。

　とくにホテルやレストラン、観光地などの施設と関連する動画を配信している場合は、訪日外国人向けに設定しておくことで、日本語のみの言語設定ではアプローチできなかったユーザー層へリーチすることが可能です。Googleの調査によると、米国消費者の3人に2人が旅行を考えており、とくに旅行関連の動画を視聴すると報告しています。

▶ チャンネルの多言語化のメリット

　チャンネルを多言語対応させることによるメリットは、YouTube検索でチャンネルが表示されやすくなる点です。YouTubeアルゴリズムは、チャンネルに設定されているデータのうち、チャンネル名に重きを置く傾向にあるため、ユーザーが検索したキーワードとチャンネル名が合致した場合、上位に表示される可能性は高まります。

　アルゴリズム対策のほかに大きなメリットとしては、ユーザーの利便性向上です。チャンネルの名前と説明文が日本語のみであると、国外ユーザーは自分で翻訳しなければならず利便性が下がります。チャンネルページやチャンネルの説明ページが馴染みのない言語で記載されていると、それだけでそのチャンネルを理解しようとする動機が薄れてしまいます。多くの言語を設定する必要はありませんが、英語だけは設定しておくようにすると、メリットは大きいでしょう。

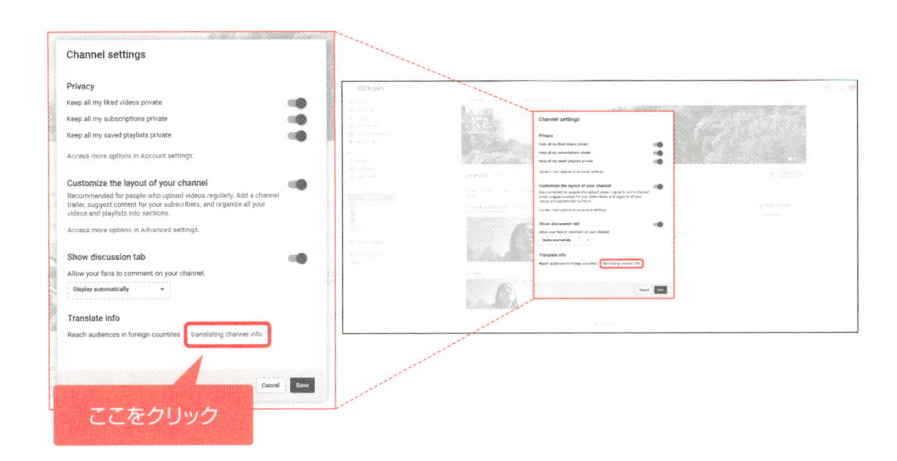

ここをクリック

言語を選択して文章を入力することでユーザーの言語に合わせて表示されるチャンネル名と説明文が変化する

言語を選択

チャンネル名と説明文を入力

動画タイトルの作り方

- タイトルの付け方が YouTube 検索の表示回数に影響を与える
- ユーザーの興味を引くタイトルでなければクリック率が減少する
- 絵文字や西暦、疑問文などユーザーの興味を引く工夫が必要

▶ タイトルの役割

　視聴回数が伸び悩む原因の多くは、タイトルの付け方にあります。公開直後の動画は視聴実績がないため、関連動画やトップページには表示されにくい状態です。しかし YouTube 検索では、検索キーワードとタイトルの文字合致率、タグや概要欄などのデータに加えて、公開日が最近であれば、アルゴリズムは最新の動画であると判断して、検索上位に表示してくれます。そのきっかけとなるのは、ユーザーの検索キーワードと動画タイトルとの文字合致率です。

　つまりタイトルの付け方が、YouTube 検索での表示回数に影響を与えるのです。YouTube クリエイターの動画は、インパクトのあるタイトルづけが重要です。一方、企業の動画では、内容がわかり、かつユーザーの検索キーワードを含むタイトルづけが重要になります。そうすることで、動画を求めるユーザーにきちんと表示され、その表示母数が視聴回数の増加へと繋がります。

▶ アルゴリズム最適化としてのタイトル作り

　タイトルを作るにあたって最も考慮すべきことは、ユーザーの視聴目的です。タイトルに検索キーワードを含めることで検索結果に表示されるようにはなりますが、そのタイトルが視聴したいと思わせるものでなければ、表示されてもクリックされません。クリック率が低くなると、アルゴリズムは表示をしても視聴されない動画だと判断し、結果的に徐々に表示されにくくなってしまいます。

　クリックされるタイトルの工夫として、最近は絵文字が使われるようになっています。文字情報の中で、絵文字には色がついているため目を引きやすい効果があります。また、最新情報であれば、西暦をタイトルに含めることも工夫の一つです。ほかにも、ユーザーへ問いかけるように、キーワードを含んだ疑問文をタイトルとすることで、ユーザーの興味を駆り立てるなどの工夫もあります。

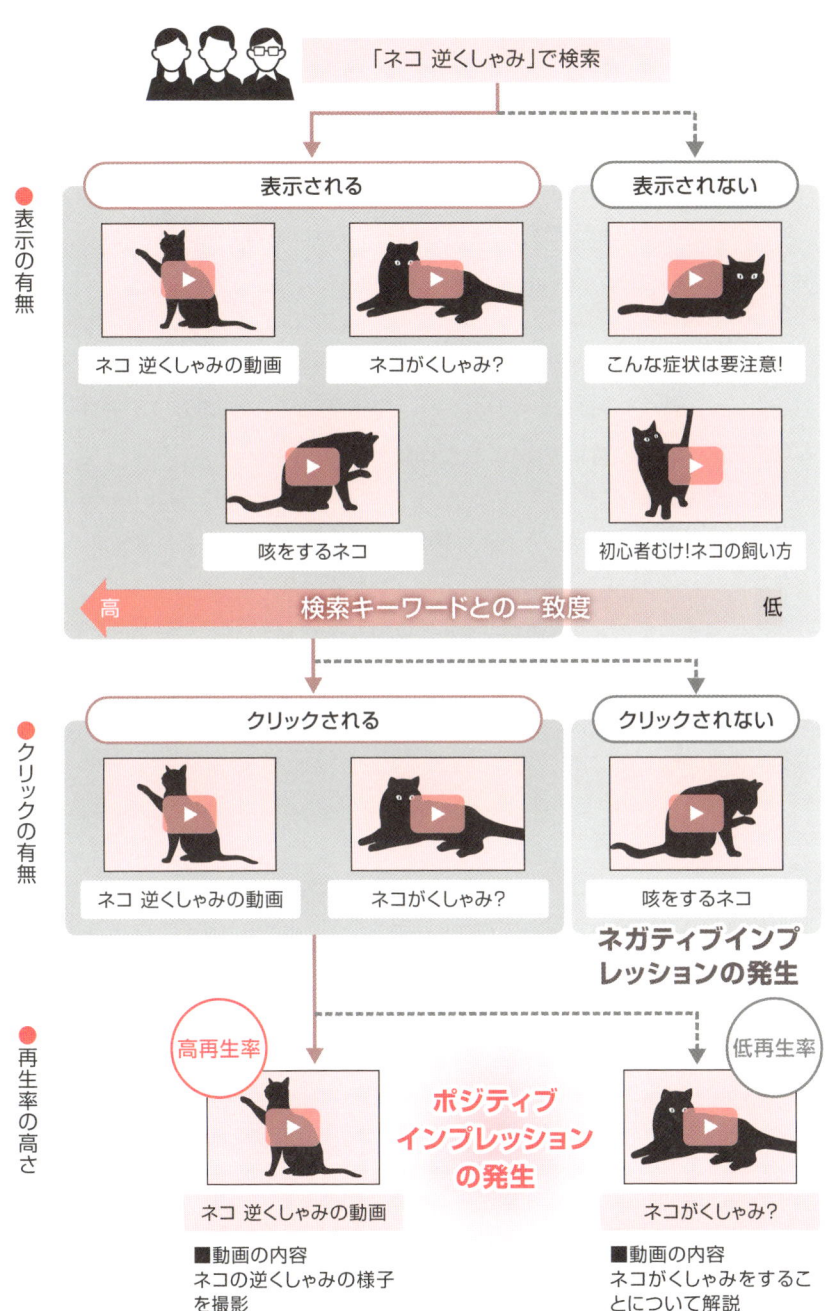

適切なキーワードの設定で視聴回数が増加する

「ネコ 逆くしゃみ」で検索

表示の有無

表示される

- ネコ 逆くしゃみの動画
- ネコがくしゃみ？
- 咳をするネコ

表示されない

- こんな症状は要注意！
- 初心者むけ！ネコの飼い方

高 ← 検索キーワードとの一致度 → 低

クリックの有無

クリックされる

- ネコ 逆くしゃみの動画
- ネコがくしゃみ？

クリックされない

- 咳をするネコ

ネガティブインプレッションの発生

再生率の高さ

高再生率

ポジティブインプレッションの発生

ネコ 逆くしゃみの動画

■動画の内容
ネコの逆くしゃみの様子
を撮影

低再生率

ネコがくしゃみ？

■動画の内容
ネコがくしゃみをするこ
とについて解説

5 タグの構成

- 1つのタグはカンマで区切る
- タグと最も関係の深いトラフィックは関連動画である
- タグの先頭に社名を設定すると他の動画への露出機会が減る

▶ タグの役割

YouTubeにアップロードする際、動画にはタグを設定することができます。タグとして設定したい各ワードは、カンマで区切って指定します。タイトルはユーザーが視聴する動画を選ぶための情報であり、概要欄は動画の説明を行うものであって、いずれもユーザーの目に触れる要素です。しかし、タグはユーザーの目に触れない情報です。

タグとの関係が深いトラフィックは**関連動画**です。YouTubeクリエイターはユーザーを離さないよう、すべての動画にチャンネル名のタグを入れて、チャンネル内の他の動画を関連動画として表示させるよう設定しています。これはユーザーの視聴目的が「YouTubeクリエイターを見たい」というところにあるためです。一方、企業の場合は、他チャンネルの動画の関連動画として、自社の動画が表示されることがより重要です。

▶ タグの構成方法

企業が公開する動画では、社名を漢字や平仮名、片仮名、ローマ字表記をしたものをタグの先頭に入れているケースがよくあります。このメリットは、自社の動画を視聴しているユーザーに対して、関連動画に自社の動画を多めに表示することができることです。しかし大きなデメリットは、他チャンネルの公開する動画の関連動画に表示されにくくなってしまうことです。たとえば、YouTubeクリエイターの商品レビュー動画に関連動画として表示させてもらいたくても、社名がタグの構成比率の大半を占める場合は、表示されにくくなってしまいます。

タグは動画の内容と関連する一定のテーマで構成し、その数は10〜15程度に抑えることがおすすめです。構成としてタグの先頭には、YouTubeのオートコンプリート機能で表示されるフレーズや、ユーザーの検索が見込まれるキーワードやフレーズを入れます。中盤には先頭に入れたキーワードよりも範囲の広いキーワードを入れ、後

半には自社の他の動画と関連性を持たせるために、商品名やブランド名、社名などを入れることをおすすめします。

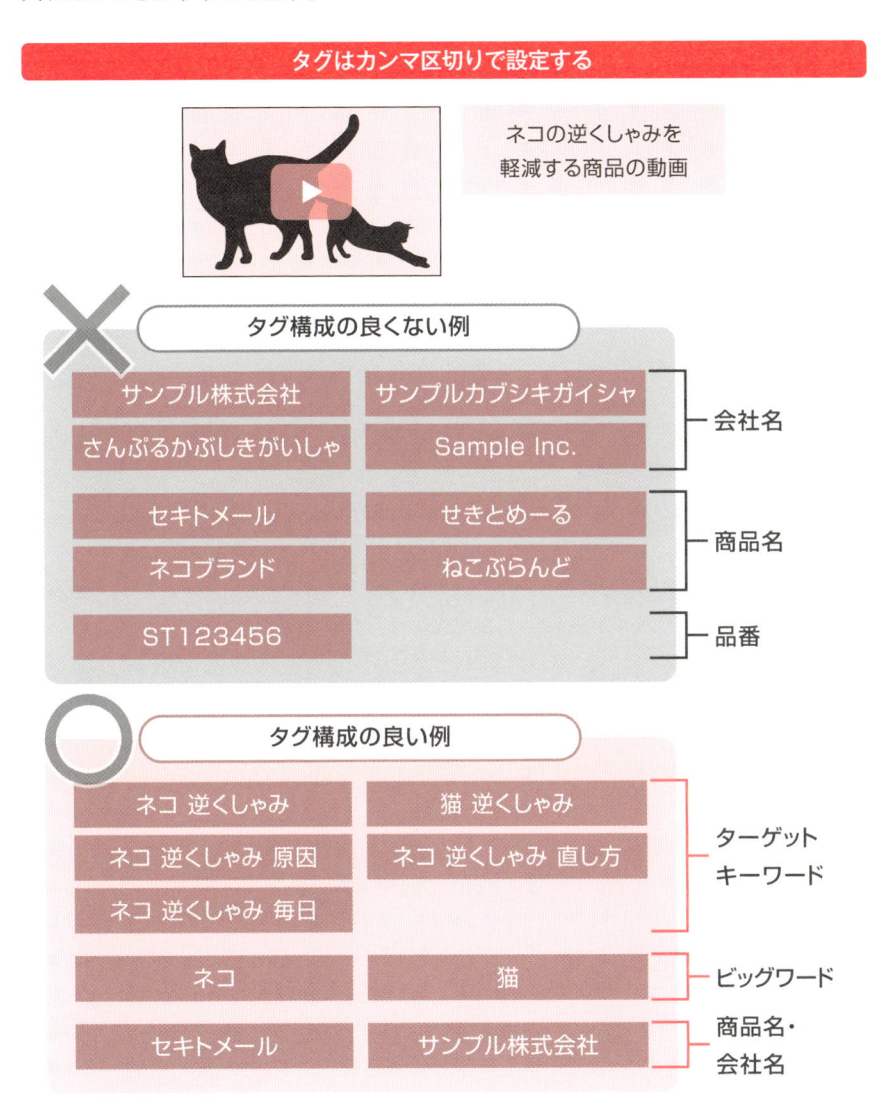

タグはカンマ区切りで設定する

ネコの逆くしゃみを
軽減する商品の動画

タグ構成の良くない例

| サンプル株式会社 | サンプルカブシキガイシャ |
| さんぷるかぶしきがいしゃ | Sample Inc. |

会社名

| セキトメール | せきとめーる |
| ネコブランド | ねこぶらんど |

商品名

ST123456

品番

タグ構成の良い例

ネコ 逆くしゃみ	猫 逆くしゃみ
ネコ 逆くしゃみ 原因	ネコ 逆くしゃみ 直し方
ネコ 逆くしゃみ 毎日	

ターゲット
キーワード

| ネコ | 猫 |

ビッグワード

| セキトメール | サンプル株式会社 |

商品名・
会社名

ユーザーが検索するキーワードをタグに含むことで、タイトルに含まれないキーワードでユーザーが検索したときも、検索結果画面に動画が表示されやすくなる。他の類似する動画がどのようなタグを設定しているかをさらに調査し、視聴ユーザーが類似すると考えられるタグを設定すると、他の動画の関連動画として表示されやすくなる。会社名や商品名はタグの後半で設定することで、それらのキーワードで検索されたときに表示されやすくする。

6 概要欄の活用方法

- Webページのリンクや動画の内容を説明するために使用する
- 検索エンジンでも概要欄に記載の文字は認識される
- 動画の内容を文字データ化することが概要欄の役割

▶ 概要欄の役割

　動画設定の概要欄では、Webページのリンクを設置したり、動画の内容を説明することができます。ただし概要欄は、YouTube検索結果画面でパソコンでは表示されますが、スマートフォン用のYouTubeアプリでは表示されません。概要欄を設定しておくとユーザーがGoogleで検索を行ったときに、入力したキーワードが概要欄に含まれていた場合、動画がGoogleの検索結果画面に表示されます。検索結果画面には、ユーザーが入力したキーワードと合致した、概要欄に含まれる文字が太字で表示されます。そのため概要欄の設定はYouTube内だけでなく、Google検索においても重要な役割を果たします。

　概要欄の主な役割は、動画の内容を文字データにすることです。YouTubeでは字幕設定をしていない動画でも字幕が表示されます。人の会話やナレーションを認識し、文字に変換できるということは、YouTubeは動画がどのような内容であるかをある程度推察できるということでもあります。ただし字幕については、一部違和感のある表現がされていたり、判定しにくい音声の場合は間違っていたりということもあります。

▶ 概要欄の作成方法

　YouTubeは音声データから内容を推察することはできますが、完璧というわけではありません。そのために、動画の内容を文字データとして概要欄に設定します。概要欄の冒頭に動画の概要を記載することで、Google検索しているユーザーに動画を訴求したり、動画を視聴しているユーザーに、動画の概要がわかる説明文を記載します。次に、動画の内容について説明しているWebページがあれば、概要欄に記載してユーザーを誘導するようにします。

　訴求したい内容を概要欄の上部に記載したら、その下部には動画の内容をすべて記

載します。たとえば商品の使い方に関する動画であれば、各ステップの説明をすべて記載します。動画の内容を文字データとすることで、アルゴリズムは動画の内容に関するより正確な情報を得ることができ、学習することができるのです。

Webリンクの表示例

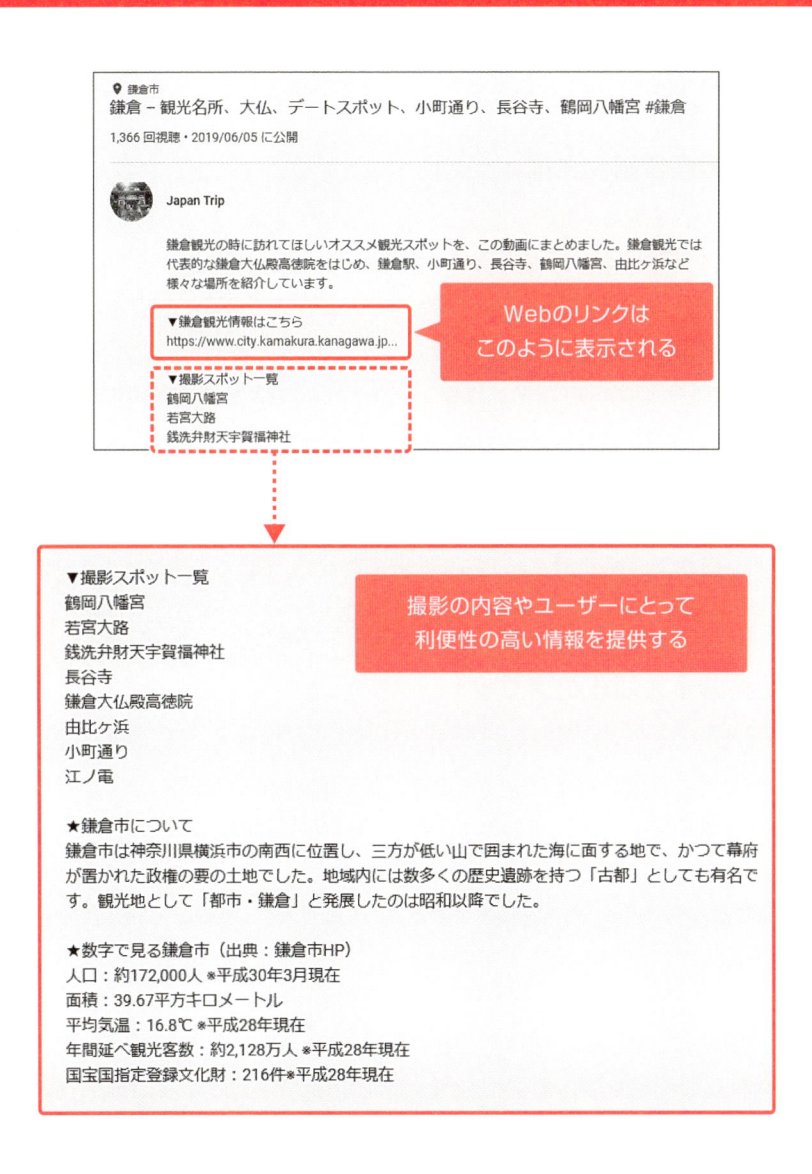

7 動画の多言語化

- ●動画を多言語化することで国外ユーザーにアプローチできる
- ●多言語化によりYouTube検索で表示されやすくなる
- ●各言語のユーザーがどのようなキーワードで検索を行うか調査が必要

▶ 動画の多言語化とは

　多言語化はチャンネルだけでなく、動画にも設定することができます。動画の多言語化もチャンネルと同様に、他の言語でタイトルと概要欄を設定することで、日本語以外の言語でYouTubeを利用しているユーザーが自分の動画を視聴した時に、そのユーザーが利用している言語で動画のタイトルと概要欄を表示できます。

　動画の言語設定の方法は、YouTube Studioから多言語化する動画を選択し、「詳細」タブをクリックした後に、「文字起こし」をクリックします。言語を設定する画面に移動したら、「言語を追加」ボタンをクリックして、翻訳する言語を選択します。タイトルと概要欄の文章を選択した言語で記載して、「公開」ボタンをクリックすれば完了です。多言語化する言語は、YouTube Studioが対応している言語であれば設定可能で、公開後にテキストを編集することもできます。

▶ 動画の多言語化のメリット

　動画を多言語化するメリットは、国外からのYouTube検索に対しても表示させることが可能になる点です。チャンネルの多言語化対応の場合と同様に、日本語のみでタイトルを設定していると、国外のユーザーが日本語以外の言語で動画を検索したときに表示されない可能性が高くなります。概要欄についても多言語で設定しておくことで、国外のユーザーが内容を理解できるようになります。Webへのリンクなどの解説は、多言語化しておくことが大切です。

　動画の多言語化で注意すべきことは、その言語でキーワード検索をしたときに、どのような動画が表示されるか、そして他のチャンネルがどのようなタイトルの付け方を行う傾向があるかを調査することです。動画の内容に興味があるユーザーが、どのような言葉で検索を行っているのかを調査した上で、タイトルの翻訳を設定することが重要です。

クリック

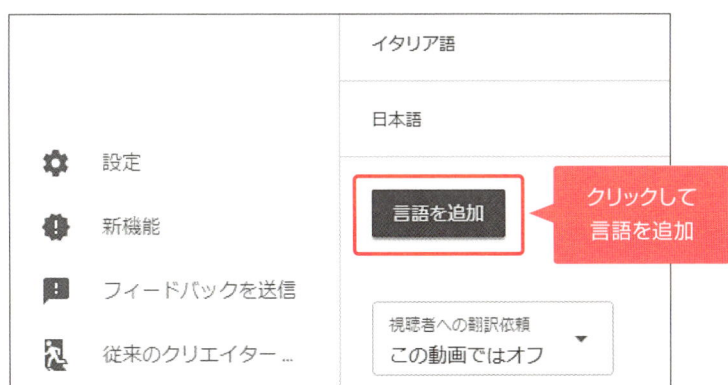

クリックして
言語を追加

8 サムネイルの重要性

- ● サムネイルはユーザーのクリック率に最も影響を与える
- ● サムネイルは2MB以下、1280px×720pxで設定する
- ● 他チャンネルで公開されているサムネイルを調査してデザインする

▶ サムネイルの役割

　サムネイルとは、YouTube検索、トップページ、関連動画のすべてに表示される画像で、ユーザーのクリックに最も影響を与える最重要な要素です。サムネイルは、動画をアップロードしたときに、自動で3種類の画像が動画の一部から切り取られるので、その中に適切なものがあれば選択して使用できます。しかし多くの場合は、**カスタムサムネイル**を設定する必要があります。

　カスタムサムネイルを使用する場合は、YouTubeチャンネルに対する電話番号による認証が必要となります。カスタムサムネイルは、2MB以下の1280ピクセル×720ピクセルの画像をアップロードすることで設定できます。カスタムサムネイルは複数のパターンを作成して、それぞれを1〜2週間程度公開し、どのサムネイルがYouTube検索でクリック率が良かったかを分析する必要があります。

▶ サムネイルの作り方

　サムネイルを作る前には、他チャンネルの動画のサムネイルを調査する必要があります。類似する動画のサムネイルを調査して、どのような動画の視聴回数が多いのか、競合チャンネルのチャンネル登録者数を調べながら傾向を把握します。視聴回数の多いサムネイルの傾向を把握し、他チャンネルと比較して、ユーザーがなぜその動画を視聴するのかを分析した上でサムネイルを作る必要があります。

　サムネイルは要素が多すぎるとわかりづらいものになってしまいます。YouTube動画はスマートフォンで視聴するユーザーが大半なので、スマートフォンのサムネイルサイズで見たときに、どのように認識できるかが重要です。ユーザーへの問いかけやボカシを入れて興味を持たせたり、大きな文字で訴求したりなどさまざまな方法がありますが、基本的には類似した動画のサムネイルと比較してデザインすることをおすすめします。

ハッシュタグの使い方

- ハッシュタグは特定の動画を収集する機能を持つ
- 概要欄で最大3つまで設定することができる
- 独自のハッシュタグは検索結果を独占できるメリットがある

▶ ハッシュタグとは

TwitterやInstagramではよく使われる**ハッシュタグ**ですが、YouTubeにもハッシュタグの機能があります。仕組みはSNSと同様に、ハッシュタグが設定されている動画を収集するというものです。YouTubeではSNSと比較すると、それほどユーザーがハッシュタグを活用している傾向はありませんが、シリーズ化された動画においては有効なため、設定しておく必要があります。

ハッシュタグはタイトルと概要欄に設定することができます。1つのハッシュタグ内にはスペースを入れることができないため、1ワードで入力する必要があります。YouTubeはハッシュタグを概要欄に入れることを推奨しており、最大3つまで設定することができます。概要欄に設定するときは、概要欄の最下部に記載し、ハッシュタグ同士はスペースで切り離します。

▶ ハッシュタグの活用方法

ユーザーにとってハッシュタグを活用する利点は、類似する動画を集められる点です。注意するべきことは、ユーザーはこの中から視聴したいものを選ぶため、動画の内容と関連性の低いハッシュタグを設定してしまうと、表示回数に対するクリック率が減少するおそれがあることです。そのため、ハッシュタグは動画の内容と合致したものを選定する必要があります。

一方で、ユニークなハッシュタグは、検索結果を独占できることになります。たとえばシリーズ化された動画に共通のハッシュタグを設定し、そのシリーズが人気となれば、シリーズ名で検索したユーザーに自社のチャンネルの動画を十分に訴求することが可能です。チャンネル内で動画数が少ない場合やシリーズが少ない場合は、一般的なハッシュタグを設定し、視聴の動向を探ることも手段としてはありますが、シリーズ化された動画での活用がより有効です。

スペースで区切って入力

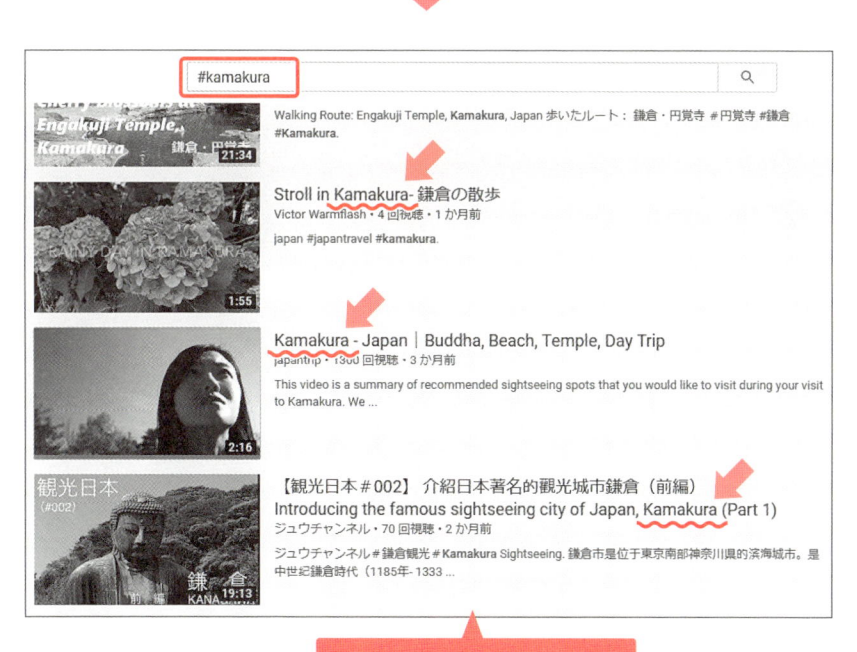

ハッシュタグが付けられた
動画を中心に表示される

10 カードの設定

- カードは突然表示してもユーザーには伝わらない
- カードを使用する場合は動画内でカードが表示されることをきちんと伝える
- シリーズ化動画の途中から視聴したユーザーにカード機能は効果的

▶ カードとは

　カードとは、動画の右上に表示される「i」のマークのことです。カードは4種類で、動画や再生リストを宣伝するための「動画または再生リスト」、他のチャンネルを宣伝するための「チャンネル」、動画を視聴しているユーザーへアンケートへの参加を呼びかける「アンケート」、チャンネル内で承認済みのWebサイトへリンクする「リンク」があります。

　「リンク」のカードを使用するためには、「YouTubeパートナープログラム」への参加が条件となっていますが、その他の種類のカードは、チャンネルを開設すれば使用可能です。「リンク」を除く3種類のうち、使用頻度の高いものは「動画または再生リスト」です。カードは任意のタイミングで表示させることが可能です。

▶ カードの活用方法

　カードは動画の最中に突然表示させてもあまり効果がありません。動画を視聴しているユーザーに他の動画をおすすめしても、その動画の内容がわからければ視聴するとは考えづらいでしょう。ユーザーに対して、なぜその動画を視聴した方がよいかを、動画内で説明する必要があります。そのため、カードを表示させる場合は、ユーザーを誘導させるための動画構成やセリフをあらかじめ準備しておく必要があります。

　カードを利用することで、シリーズ化された別の動画の視聴を促すことができます。YouTubeでは、たとえ動画がシリーズ化されていたとしても、ユーザーがどの動画から視聴し始めるかわかりません。たとえば、10本の動画シリーズのうち3本目がそのユーザーにとっての初めての視聴であれば、内容の途中から視聴することになるため、状況がわからずに離脱するおそれがあります。こうしたことを防ぐために、最初の動画から視聴することを動画内で伝えた上で、カードを表示させることが有効です。

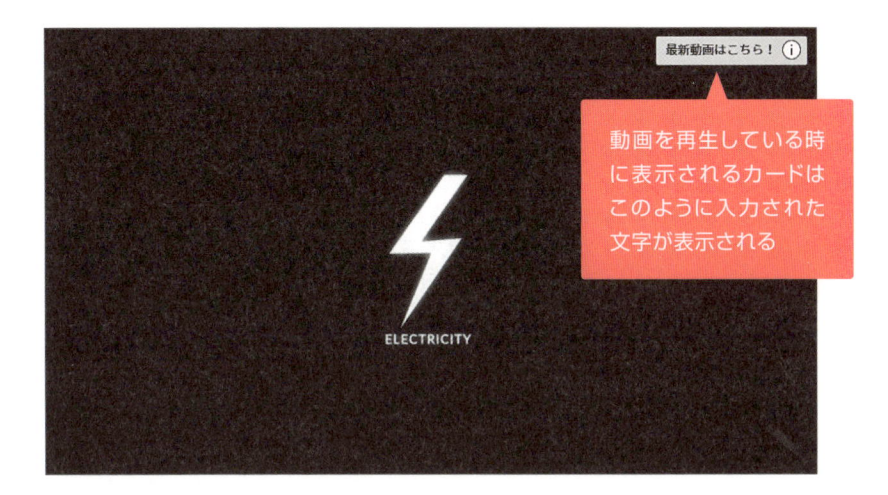

動画を再生している時に表示されるカードはこのように入力された文字が表示される

7

動画のデータ設定

カードがクリックされるとこのように表示される。サムネイルをタップすると、カードに設定された動画が再生される

11 終了画面の設定

- 終了画面は動画の最後に設定し、任意の動画をユーザーにオススメすることができる
- 終了画面を見ているユーザーは最後まで動画を視聴したユーザーである
- 他の動画を表示することでユーザーの別の動画へ誘導することができる

▶ 終了画面とは

　終了画面とは、オススメの動画やチャンネル登録を促すためのチャンネル登録ボタンなどを表示できる画面です。動画の終了から20秒間表示できます。表示できる要素は4種類あり、動画または再生リストを宣伝するための「動画または再生リスト」、チャンネル登録をすすめるための「チャンネル登録」、他のチャンネルをすすめるための「チャンネル」、承認済みのWebサイトにリンクさせるための「リンク」があります。

　終了画面もカードと同様に、「リンク」については「YouTubeパートナープログラム」への参加が必須です。終了画面には、各要素の表示時間が最低5秒という仕様となっています。そのため動画に終了画面を設置する場合は、短くとも動画が終了するまでの5秒間は動画の上に終了画面の要素が表示されても問題ないよう、動画構成の段階で検討をしておく必要があります。

▶ 終了画面の活用方法

　終了画面で設定できる各要素の中でも、比較的頻繁に使用されるのは、チャンネル内で公開している動画を表示する「動画または再生リスト」です。「動画または再生リスト」は、最近公開された動画を表示する「最新のアップロード」、ユーザーに適したコンテンツが自動で選択される「視聴者に適したコンテンツ」、表示する動画もしくは再生リストを指定する「動画または再生リストを選択」の3種類を設定することが可能です。

　終了画面を見るのは、動画を最後まで視聴したユーザーです。動画の途中でスキップしていたとしても、最後まで視聴するということは、動画もしくはチャンネルに一定の興味を持っていると考えられます。そのようなユーザーに対しては、動画をシリーズ化している場合には、終了画面に再生リストもしくはシリーズの次の動画を表示させると、ユーザーの利便性が高まります。過去の動画については、最新のアップ

ロードを選択することで、新しい動画をユーザーに訴求することができます。

「要素を追加」することで終了画面を設定できる

終了画面にはテンプレートが用意されている

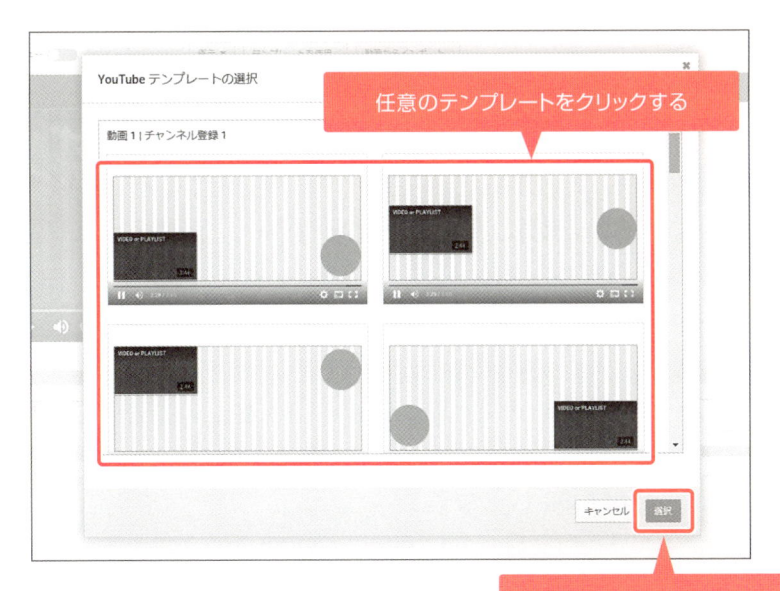

データ設定で視聴回数は変わる

- 適切なデータ設定により適切なユーザーに費用をかけずに動画を表示できる
- 誰に表示するかがデータ設定で最も重要
- 適切なデータ設定の目的は高い視聴者維持率の獲得

▶ 誰に表示するかの重要性

Web上での広告等と同様に、YouTubeにおいてもターゲティングが重要となります。データ設定によるターゲティングは、Web広告等では一般的な年齢や性別等の設定はできないものの、他チャンネルの動画を活用することでプロモーションできるという利点があります。適切なデータ設定を行えば、費用をかけることなく、アルゴリズムが自ら視聴傾向を把握して、適切なユーザーに動画を表示するようになります。

アルゴリズムが適切なユーザーに表示できるようにするために、データ設定によって「誰に動画を表示するか」をアルゴリズムに伝えることが最も重要となります。それは、適切なタイトルの設定を行うことで、自分の動画を探しているユーザーの検索結果画面にきちんと表示することや、サムネイルの工夫によるクリック率の改善、概要欄へ動画の内容を記載することで文字データ化することなどがあります。適切なユーザーに動画を表示することで、クリック率が改善され、最後まで視聴される確率が高まります。

▶ 視聴者維持率のためにデータ設定を行う

これらのデータ設定は、高い視聴者維持率の獲得が目的です。YouTubeは総再生時間数を重視する傾向にあるため、いかに最後まで視聴されるかがカギとなります。しかし、4分や5分など長い動画は、明確な視聴目的がない限り、最後まで視聴される確率は低くなってしまいます。YouTubeはWebサイトと異なり、動画を後から変更することができないプラットフォームです。つまり一度公開した動画は、データ設定のみで最適化しなければならないのです。

すでに公開されている動画であっても、動画の内容がユーザーの求めるものであれば、適切なデータ設定により視聴回数が増加する可能性は大いにあります。表示回数や視聴回数は重要な指標ですが、それ以上に「どのような検索キーワードや関連動画

から視聴したユーザーが、どの程度最後まで視聴しているか」を調査し、傾向を把握することが、次に制作する動画の方向性につながります。正確な動画の方向性を把握するためにも、精度の高い視聴データを収集するために、データ設定が重要となります。

最適化することで再生率が改善され視聴ターゲット層も変化する

旅行動画

✕ 最適化					○ 最適化	
興味	再生率				再生率	興味
コスメ	5%				45%	旅 行
エンタメ	20%				30%	映 画
ライフスタイル	3%				60%	旅 行

ニーズの無いユーザーに表示　　　　　　ニーズのあるユーザーに表示

Column チャンネル運用者におすすめのYouTubeチャンネル

　チャンネル運用者にとって、YouTubeのユーザー画面の仕様変更だけでなく、管理画面である YouTube Studioの仕様変更も重要な情報です。管理画面はこれまで馴染んでいたクラシック版から YouTube Studioへと切り替わり、2019年に入ってからはデータの表示形式や視聴者維持率グラフのUIが変更されるなど、さまざまな変更が加えられ、また新たな機能が実装されてきました。チャンネル運用者はYouTube Studioの仕様変更を常に追い続けなければなりません。

　こうした仕様変更やプラットフォームの開発状況について、実装段階や検証段階の情報を伝えてくれるチャンネルが「Creator Insider」です。YouTubeの公式な発表ではないとされていますが、プラットフォームの開発状況やYouTube Studioに関する情報、クリエイターへのインタビューなど、さまざまな情報を届けてくれます。

　公開されているさまざまなシリーズ動画のうち、チャンネル運用者にとって有益な情報を得られるのが「YouTube News Flash」です。YouTubeのプロダクトマネージャーである Tom Leung氏を中心に配信しており、YouTube Studioの開発状況、ユーザーからの要望が多い機能の実装状況などの事前情報から、正式に実装された機能の説明や不具合があった機能の改善状況までを知ることができます。また、新たに取得できるようになったデータや、YouTube Studio画面で変化があった機能、検証段階の機能などの情報も得ることができます。

　YouTube上で活動するすべてのユーザーに関係する情報が、「コミュニティガイドラインの変更」です。2019年初頭には、暴力的なコンテンツに対する規制の強化やガイドラインの違反によるアカウント停止などのペナルティについて発表されました。コミュニティガイドラインの変更については、YouTubeのヘルプコミュニティを閲覧することで確認できますが、YouTubeがどのような規制をかけるのかについては判断ができません。

　またYouTubeでは、YouTube社CEOのSusan Wojcicki氏がチャンネル内で動画を公開しています。2019年2月には、「今年の優先事項」として、YouTubeがどのようなコンテンツやシステムを強化するのか、どのような事象について規制を強化するのかについて方針が語られています。企業が注意すべき点はサムネイルに対する規制の強化です。サムネイルがクリック率に大きな影響を与える一方で、過激なサムネイルを設定するとガイドラインに違反する可能性があります。YouTubeがどのような方針を取るのかについて知るためにも、チャンネル運用者が定期的に確認すべきチャンネルです。

▶Chapter **8**

YouTube アナリティクス

──マーケット分析に役立つ視聴データの見方

　自分の動画を公開すると、誰もが気になるのが視聴回数です。視聴回数が増加していれば問題ありませんが、もし視聴回数が伸びていない場合は、何をすればよいのでしょうか。そのヒントを与えてくれるのが、YouTubeアナリティクスです。誰に視聴されているのか、どのように視聴されているのかを把握することで、何を改善すべきかがわかります。本章では、YouTubeアナリティクスについて説明します。

YouTubeアナリティクスとは

- Webサイトと同様にYouTubeも視聴状況の確認は必要
- 動画が誰に、どのように視聴されているかを把握できる
- アルゴリズムが動画をどのように把握しているかを確認する必要がある

▶ YouTubeアナリティクスの概要

　Webサイトの運用にGoogleアナリティクスが欠かせないように、YouTubeチャンネルの運用にもYouTubeアナリティクスによる視聴状況の確認が欠かせません。YouTubeアナリティクスは、自分の動画が誰からどのように視聴されているかを知るためのツールです。**YouTube Studio**画面から「**アナリティクス**」をクリックすることで、自分の動画の視聴データを確認することができます。

　チャンネル全体の視聴状況を確認するときは、YouTube Studioの画面から「アナリティクス」をクリックします。特定の動画を確認するときは、YouTube Studioの画面から「動画」を選択し、確認したい動画をクリックします。その後、「アナリティクス」をクリックすることで、選択した動画の視聴データを確認することができます。

▶ YouTubeアナリティクスの重要性

　視聴データはマーケティングデータを集めるために重要です。視聴データを確認することで「どんなキーワードで検索をしたユーザーが長く視聴しているのか」「どんな属性のユーザーが視聴しているのか」を知ることができます。ただし視聴データは、動画が表示された結果にすぎません。重要なことは視聴データそのものより、YouTubeアルゴリズムが自分の動画をどのように理解しているかを知ることです。YouTubeアルゴリズムが自分の動画をターゲットユーザー層に表示していなければ、YouTubeアナリティクスが示す視聴データも参考にならないことになります。

　たとえば、商品の良さや特徴を訴求する動画を芸能人が公開している場合、YouTubeアルゴリズムは、その動画を「芸能人を見たいユーザーに視聴される動画」と理解することがあります。こうした状態になっていないかどうかを判断する指標の一つに**トラフィックソース**があります。関連動画トラフィックを確認したときに、「その芸能人が出演しているが、テーマが全く異なる他の動画」へ多く表示されている場

合は、アルゴリズムが誤解しているかもしれません。アルゴリズムが動画をどのよう
に理解しているのか、そしてユーザーからどのような視聴をされているのかを知るた
めにも、視聴状況を確認する必要があるのです。

商品と関連する動画にきちんと表示されているかを確認できる

●YouTube Studioの画面

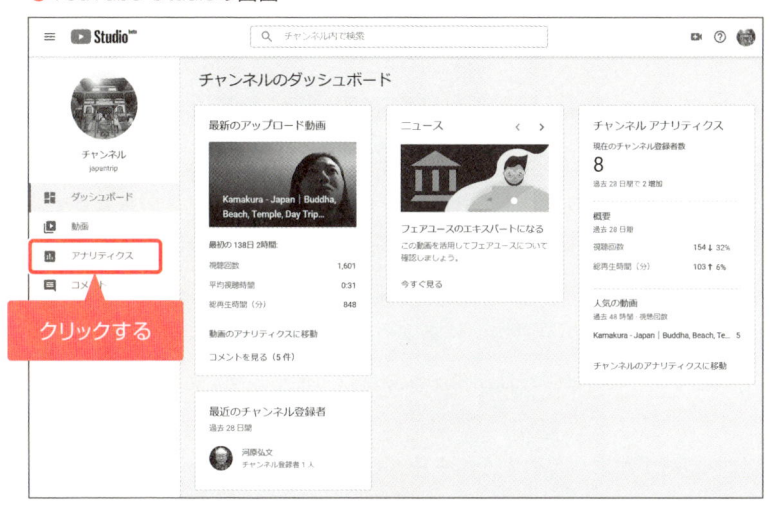

●チャンネルアナリティクスの画面

YouTubeアナリティクス では何を見ればよいのか

- 動画を誰に視聴して欲しいかによって調査することが異なる
- トラフィックソース、視聴者維持率、視聴者属性の3点を中心に調査する
- 初めて確認するときはチャンネル全体の視聴データから把握する必要がある

▶ YouTubeアナリティクスで確認すべきこと

　YouTubeアナリティクスでは、自分の動画がどのように視聴されたのかを、**トラフィックソース**や**視聴者維持率**などのデータを元に確認することができます。その他にもYouTubeアナリティクスは多くのデータを提供してくれますが、必ずしもすべてのデータを確認する必要はありません。誰に視聴して欲しいかによって、何を確認すべきかが異なるためです。たとえば「動画の情報の言語」のデータは、国内向けに日本語のみで説明している動画では注視する必要はあまりありませんが、海外ユーザー向けに多言語設定している動画では言語単位での視聴傾向を確認する必要があります。

　「自分の動画が誰からどのように視聴されているのか」「YouTubeアルゴリズムが自分の動画をどのようなユーザーに表示すべきと判断しているのか」を把握するために確認すべきデータは、**トラフィックソース**、**視聴者維持率**、**視聴者の属性**の3種類です。また、アルゴリズム最適化を行った結果を示す指標は、**インプレッション数**、**インプレッションのクリック率**、**平均再生率**です。

▶ チャンネル全体の視聴状況の把握

　YouTubeチャンネルの視聴状況を初めて確認する場合、まずはチャンネル全体のデータを把握する必要があります。YouTube Studioの画面から「アナリティクス」をクリックすると、自分のチャンネルで公開しているすべての動画の視聴データの合算値を確認することができます。次に、どの期間の視聴データを表示するかを設定します。画面右上の期間が表示されている部分をクリックして、視聴データを確認したい期間を指定します。その期間で自分のチャンネルがどのように視聴されたかを確認できます。

　チャンネル全体の視聴状況の確認は、全体像を確かめるためなので、あまり深追いする必要はありません。確認する項目としてまずは、「トラフィックソース」からどの

ような経路で視聴されているのかを確認します。どのトラフィックからの視聴が多い
のか、大幅な偏りがないかなどを確認します。また、「視聴者の年齢」や「視聴者の性
別」も確認しましょう。チャンネル全体としてどのような年齢や性別のユーザーに視
聴されているかを確認することで、チャンネル全体としてのユーザー属性を確認でき
ます。チャンネル全体を確認したら、次に視聴回数が伸び悩んでいる各動画の視聴
データを見ていきます。

事業内容によって見るべき視聴データは異なる

職種によってメインターゲットが異なるため、分析すべき視聴データも異なる。弁護
士事務所の場合はどの性別から視聴が多いのか、病院の場合は年齢別で視聴状況を
把握したほうがいいかもしれない。レストランは国外ユーザーからの視聴状況を把
握することで、現在どのユーザーに自分の動画が視聴されているか参考になるだろう。

YouTubeアナリティクスの使い方

- 選択されたパラメータをグラフ化できる
- 集計ソフトで視聴データを分析できる
- 管理画面で表示されていないデータもダウンロードすることで確認できる

▶ 視聴データグラフの操作方法

　チャンネル全体の視聴状況を把握できたら、次は1本ずつ動画の視聴データを確認します。1つの動画を選択し、「アナリティクス」をクリックすると、選択した動画の視聴データが表示されます。その画面には「概要」や「リーチ」といったタブが並んでおり、「概要」が選択された状態となっています。「概要」タブの下に表示される「視聴回数」や「総再生時間」をクリックすると、選択したデータの値がグラフで表示されます。

　グラフ下の「詳細」をクリックすると、その動画に関するより詳細なデータを確認できます。**動画**、**トラフィックソース**などのタブが横に並んでおり、それらをクリックすることで各視聴データを確認できます。タブの下には**視聴回数**と表示されたボタンがあり、選択されたデータの推移がグラフ化されて下に表示されます。グラフは折れ線グラフと棒グラフに変更できます。推移については調査対象とする期間に応じて、日別や月別などを選択できます。

▶ データのダウンロードと比較について

　YouTubeアナリティクスで得られたデータは、Excelなど集計ソフトを使って整理することもあります。データのダウンロードは、YouTubeアナリティクスの画面右上に並んでいる3つのアイコンのうち、一番左に表示されている「ダウンロード」アイコンをクリックすることで可能です。ファイル型式は、GoogleスプレッドシートかCSV形式が選択できます。とくにトラフィックソースの「YouTube検索」と「関連動画」のデータは、YouTubeアナリティクス上では上位50件のみしか表示されません。50件を超えるデータが必要な場合は、データをダウンロードすることで確認できます。

　期間を指定して視聴データの比較を行う場合は、画面右上に並ぶ3つのアイコンの下に表示されている「比較」の文字をクリックします。比較対象となる動画と期間を選択すると、指定した期間内の視聴データがグラフとともに表示されます。詳細な視聴

データが表示されていない場合は、動画タイトルの右側に「展開」と表示されるので、動画タイトルをクリックすることで詳細な視聴データが表示されます。

「視聴回数」がグラフに表示された例

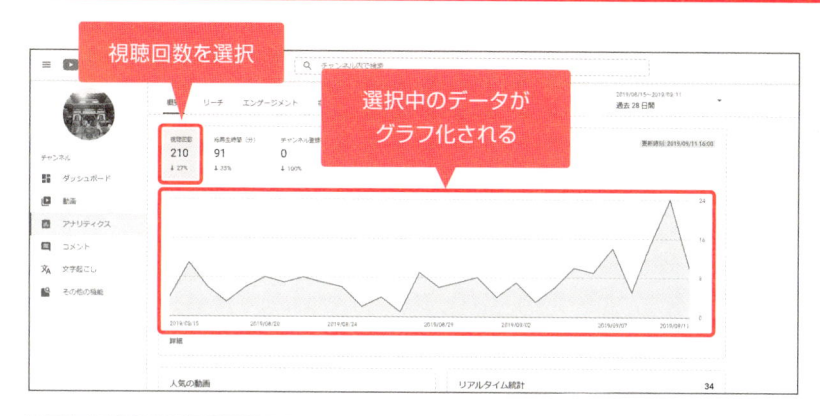

視聴データのダウンロードと比較の方法

4 トラフィックソース① ——
YouTube 検索

- YouTube 検索を行ったユーザーに対して表示や視聴されたデータを確認できる
- 表示回数が増加しない場合はタイトルの付け方に原因がある
- ユーザーが入力したキーワードとそのキーワードでの視聴回数が把握できる

▶ YouTube 検索の見方

　トラフィックソースの中には、「**YouTube 検索**」という項目があります。これは、動画がYouTube 検索によってどのぐらい表示、再生されたのかを示すデータです。グラフ化するデータを「視聴回数」や「インプレッション数」などに変更すると、YouTube 検索によって自分の動画がどれくらい表示や再生されているのかを日別や月別で知ることができます。「トラフィックソース」タブをクリックした後に表示される画面には、YouTube 検索による視聴グラフだけでなく、他のトラフィックによる視聴グラフも含まれます。YouTube 検索だけの視聴グラフを確認したい場合は、「YouTube 検索」のチェックボックスをクリックすると、グラフがYouTube 検索だけになり、日別や月別で自分の動画の表示回数や再生回数の推移を知ることができます。

　YouTube 検索では、公開初日から表示回数が急激に増加することはあまりありません。動画公開後2日から5日程度で、まずはインプレッション数が増加します。その後、表示回数は低下し、一定の数値を保った状態が続きます。公開から1週間経ってもインプレッション数が増加しない場合、原因の多くはタイトルの付け方にあります。このような場合、ユーザーからの検索量が少ないキーワードでタイトルを構成している可能性が高く、視聴される以前に表示がされにくい状態であると判断できます。

▶ 動画を視聴したユーザーの検索ワードを知る

　トラフィックソース画面で表示される「YouTube 検索」をクリックすると、ユーザーが視聴に至ったキーワードのリストを取得することができます。どのようなキーワードによる検索が多いのか、リスト化されたキーワードに傾向があるかなどを確認することができます。表示されているキーワードの中に動画の内容と関係の無いものが多く含まれる場合は、クリック率や視聴者維持率を低下させるおそれがあるため、タイ

トルやタグ、概要欄に設定されている文章を修正する必要があります。

　YouTube検索トラフィックのデータを確認する際に、重要な指標の一つが**平均再生率**です。平均再生率は、グラフ下に表示されているプラスボタンから「概要」をクリックして、「平均再生率」をクリックすると表示されます。平均再生率の高いキーワードは、ユーザーのニーズと合致していることを表します。どのようなキーワードで検索をしているユーザーからの平均再生率が高いのかを確認することは、新たに作る動画のテーマを決める判断要素の一つになります。

YouTube検索での視聴データ

YouTube検索の視聴データ

検索キーワード別に視聴データを表示

視聴に至ったキーワードと視聴データ

5 トラフィックソース②——
ブラウジング機能

- 視聴経路は主にトップページ、再生履歴、後で見る、登録チャンネル
- トップページのクリック率は動画同士の関連性が影響を与える
- 公開時は1度に複数の動画を公開しない方が良い

▶ ブラウジング機能の見方

　トラフィックソースの中には、「ブラウジング機能」という項目があります。**ブラウジング機能**に分類されるトラフィックには、トップページや再生履歴、「後で見る」への登録からの視聴、登録チャンネルからの視聴などがあります。ブラウジング機能の中でもトップページが最も視聴回数を増加させやすいのですが、その理由はトップページへ表示される「あなたへのおすすめ」のアルゴリズムにあります。「あなたへのおすすめ」には、視聴履歴のあるチャンネルの中で、まだ視聴していない動画が表示されるからです。

　アルゴリズムが視聴したことのあるチャンネルの中でまだ見ていない動画を「あなたへのおすすめ」として表示することは、チャンネルページから未視聴の動画を探す手間を省けるため、ユーザーにとっては利便性の高い機能です。しかしそれは、チャンネル内で公開されている動画に一定のテーマや方向性があることが前提です。一定のテーマがなければ、ブラウジング機能による視聴回数の増加を見込むことは困難となります。

▶ 動画同士の関連性が影響するブラウジング機能

　ブラウジング機能には、「あなたへのおすすめ」として表示されるアルゴリズムの特性上、チャンネル内で公開されている動画同士の関連性が大きな影響を与えます。とくに動画数が少なく一定のテーマのないチャンネルの場合、ブラウジング機能トラフィックのクリック率と再生率が非常に悪くなることがあります。ブラウジング機能のクリック率と再生率が他のトラフィックと比較して低いチャンネルは、動画同士の関連性が薄いとユーザーに判断されている可能性があります。

　登録チャンネルもブラウジング機能に分類されるトラフィックの一つで、チャンネル登録済みの動画が一覧で表示される「登録チャンネル」ページからの視聴トラ

フィックです。チャンネル登録をしているユーザーによる視聴のため、平均再生率が比較的上がりやすいトラフィックです。「登録チャンネル」ページにはユーザーが他に登録しているチャンネルの動画も表示されるため、サムネイルやタイトルがユーザーにとって訴求力のあるものでなければ、ユーザーが他の動画に行ってしまうのでクリック率が低下しやすくなります。また、複数の動画を一度に公開した場合も、クリック率が低下しやすくなります。同じチャンネルの動画がたくさん並ぶことになるため、ユーザーにとってはすべての動画を見る動機が薄れてしまうからです。ユーザーの利便性を上げるためにも、複数の動画を公開するときは公開予定日を設定するなどして、時間帯や日にちを分けるようにしましょう。そうすることで、ブラウジング機能のクリック率の低下を防止することができます。

ブラウジング機能の視聴データ

機能別の視聴データ

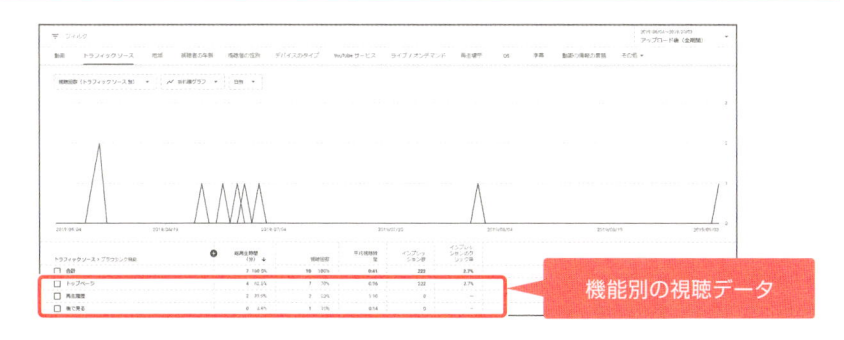

6 トラフィックソース③——関連動画

- 動画を視聴する直前にどの動画を視聴していたかを確認できる
- 視聴履歴が蓄積された段階で関連動画に表示され始める
- これまで知らなかった動画を確認することができる

▶ 関連動画の見方

トラフィックソースの中には、「関連動画」という項目があります。**関連動画**とは、動画を視聴する直前にどの動画を視聴していたかを示すトラフィックソースです。自分の動画が他の動画に関連動画としてどの程度表示されているのか、または他のどのような動画の関連動画として表示をされたのかを確認できます。関連動画の特徴は、動画が一定数視聴された後に徐々に表示されることです。アルゴリズムは、動画に設定されているタグやタイトルなどの文字データと、動画が誰にどのくらい視聴されているかを分析します。それに加えて、アルゴリズムはYouTubeを利用する大勢のユーザーの中から、自分の動画を実際に視聴したユーザーと視聴傾向が似ているユーザーを抽出して、自分の動画を見たユーザーと視聴傾向が似ている他のまだ自分の動画を見ていないユーザーに対して、自分の動画を表示するかどうかを決める傾向にあります。

関連動画は、動画が一定の視聴履歴を獲得した段階で、関連性が高いと思われる幅広いカテゴリの他の動画に対して表示されます。そして、その表示に対するクリック率や平均再生率によって、以後どんな動画の関連動画として表示されるかが大きく変化します。関連動画は、一定期間が経過し視聴データが蓄積された段階で急激に表示回数が増加し、クリック率や平均再生率が良ければ、さらに多い表示回数で一定期間表示され続けるようになります。

▶ 視聴されやすい動画の系統を調べる

関連動画トラフィックは、直前にユーザーが視聴していた他の動画を調べることができるため、自分の動画がどのような動画を見たユーザーに人気なのかを知ることができます。YouTubeでは自分の動画が他の動画に関連動画として表示されることは避けられないため、どうような動画に表示されるべきかをあらかじめ想定した上で、

動画制作をすることが大切です。そのためにも、すでに公開している自分の動画がどのような動画に関連動画として表示されているのか、どんな他の動画に表示されれば自分の動画の視聴回数が増加するのかを把握する必要があります。

　視聴データとしての関連動画トラフィックは、チャンネル運用において有益なデータを示してくれますが、こうしたデータと同じくらい参考になるのが、これまで知らなかった他チャンネルの動画を知ることができる点です。YouTubeには膨大な量の動画が公開されており、カテゴリを絞ってもすべてを把握することは困難です。新たに動画を作るときに、自分が公開している動画の視聴データから、気をつけるべき点やユーザーのニーズを推測することはできますが、実際にYouTube上には他にどのような動画が視聴回数を増加しているのかということは、自分の動画の視聴データだけ見ているだけではできません。すでに公開されている他の人の動画を調査することで、どのような動画が再生回数が増加しているのかという傾向を掴むことはできますが、そのためには多くの動画を発見する必要があります。より多くの動画を発見するために、自分で類似する動画を探すだけでなく、関連動画トラフィックを調べることで、どのような動画が公開されているのか、またはどのような種類の動画が視聴回数が多いのかという傾向を掴み、次に制作する動画に活用することができます。

関連動画の視聴データ

関連動画の
視聴データ

表示された関連動画別の視聴データ

表示された
関連動画別の
視聴データ

7 視聴者維持率

- どのシーンを見て、どのシーンを見ていないかをグラフ化したものである
- アルゴリズム最適化によって視聴者維持率は変化する
- 視聴者維持率が低い場合はタイトルやタグなどを改善する必要がある

▶ 視聴者維持率の見方

　視聴者維持率は、動画の各時点での視聴回数を動画全体の視聴回数で割った値をグラフ化したもので、動画のどのシーンが視聴されたかを判断できるデータです。スキップされたシーンの視聴回数は0となり、一方で繰り返し視聴されたシーンは動画の視聴回数に対してそのシーンの視聴回数が上回るため100%を超えることもあります。

　視聴者維持率は一般的には動画が進むにつれて下落する傾向にあります。15秒や30秒など比較的短い動画は緩やかに下落する一方で、5分や10分など比較的長い動画は構成や内容によってグラフの上下が激しくなる傾向にあります。視聴者維持率が低下しているシーンはユーザーの興味が薄いシーンで、視聴者維持率が上昇しているシーンは興味関心が高いシーンであると判断できるため、長い動画であるほどユーザーがどのシーンやどの内容に興味を持っているかを判断しやすくなります。

▶ アルゴリズム最適化によって変化する視聴者維持率

　視聴者維持率は動画を視聴したユーザーの反応を数値化したものであるため、アルゴリズム最適化を行った前後ではグラフが大きく変化するケースがあります。視聴者維持率は、動画の構成や面白さが反映される部分はもちろんありますが、内容が興味を惹くものであれば、ニーズと合致したユーザーに表示させることで徐々に高くなっていきます。

　YouTubeでは動画単位でURLが付与される仕組みのため、動画を差し替えることはできません。YouTubeに公開された動画を修正したい場合は、YouTube Studioの**エディタ機能**を使う必要がありますが、エディタ機能の範囲を超える動画の編集はできません。しかし現段階で視聴者維持率が低いからといって、動画を運用対象から外す必要はありません。ニーズがあまりないユーザーに表示されていることが、視聴者

維持率が低い原因かもしれません。その場合は、タイトルやサムネイル、タグの構成を見直すことで、適切なユーザーへ表示し、視聴者維持率の改善を行うことができます。

視聴者維持率の見方の例

YouTube Studioにはエディタ機能がある

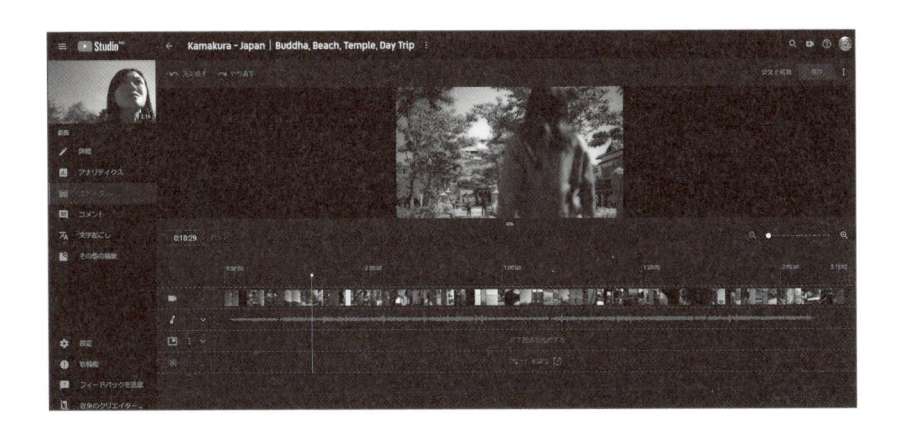

8 相対的視聴者維持率

- 他チャンネルの同程度の長さの動画と比較した時の視聴者維持率グラフである
- 平均よりも大幅に下回る場合は原因を確認する必要がある
- 特定のシーンでの大幅な下落はシーンに問題がある可能性が高い

▶ 相対的視聴者維持率の見方

　自分の動画の視聴者維持率が、他チャンネルが公開している同じ程度の長さの動画と比較して良いか悪いかを判断するときに、**相対的視聴者維持率**のデータを参考にします。グラフは平均を中央に高低でグラフ化されており、他の動画と比較して自分の動画がユーザーをより維持できたかどうかを判断することができます。

　相対的視聴者維持率の注意点は、動画の内容に対する維持率ではなく、動画の長さによる比較であることです。つまり、類似する同じカテゴリやテーマの動画と比較して割り出されたものではないことです。相対的視聴者維持率は、比較的長い動画を公開したときに、どの瞬間が平均よりも良いのか悪いのかを判断するものです。

▶ 平均を下回っている場合は改善が必要

　相対的視聴者維持率が平均よりも高い場合は、トラフィックなどの確認に注力すべきです。平均よりも大幅に下回っている場合は、その原因について考える必要があります。たとえば、動画の冒頭5秒が平均よりも下回っている場合は、視聴しているユーザーの興味が薄いか、動画の始まり方に問題があるかもしれません。動画の冒頭シーンの維持率が低い場合は、その冒頭のシーンが不要である可能性があります。

　相対的視聴者維持率が動画の中盤や特定のシーンで平均を大幅に下回っている場合は、そのシーンに対するユーザーの関心が薄い可能性があります。動画の中盤で平均を大幅に下回っている場合、視聴者維持率のグラフも同様に下がっているケースがあります。そのシーンが入ることによって動画全体の視聴者維持率が低下しているのであれば、そのシーンを含めない動画の構成を考える必要があります。

相対的視聴者維持率の見方の例

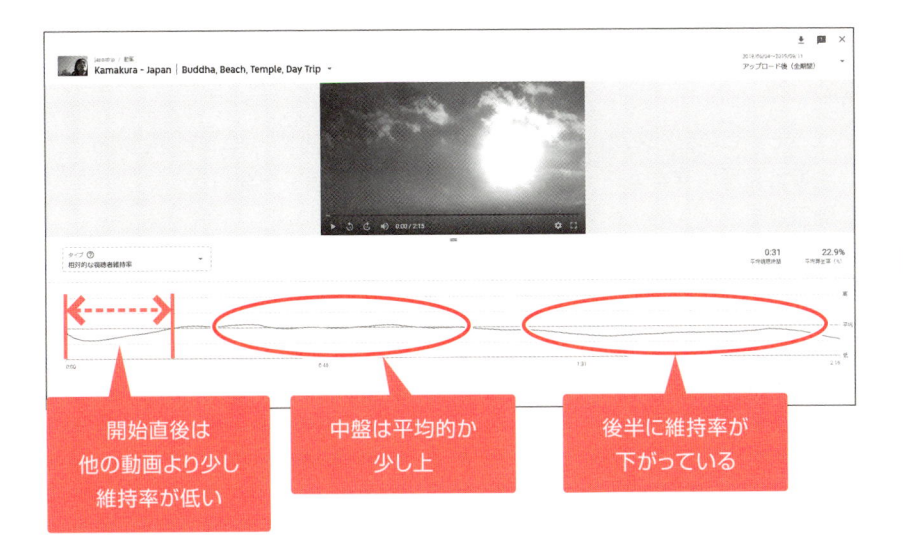

開始直後は
他の動画より少し
維持率が低い

中盤は平均的か
少し上

後半に維持率が
下がっている

8

YouTube アナリティクス

ユーザー属性

- ●ユーザーの年齢、性別、デバイス、OS、国、言語など調べることができる
- ●企業の事業内容やターゲットによって調査すべき項目が変わる
- ●動画とチャンネルページも多言語設定ができる

▶ ユーザー属性の調べ方

　YouTubeアナリティクスでは、年齢、性別、デバイス、OS、国、言語を調べることができます。年齢や性別については、どの企業チャンネルであっても確認が必要です。若い層に視聴されているのか、高齢層に視聴されているのかによって、動画の構成やテロップの大きさなども動画を制作する前に検討する必要があります。デバイスについては、スマートフォンでの視聴が大半であれば、スマートフォンでの視聴を前提とした動画やサムネイルの作成が必要となります。

　OSや国、言語については、企業が提供している商品やサービス、またはターゲットユーザーによって重視する割合は変化します。たとえば、レストランやホテル、訪日外国人向けの商品やサービスを展開している企業の場合は、どの国に視聴されているのか、どの言語での平均再生率が高いのかを確認する必要があります。

▶ 動画とチャンネルの多言語設定について

　YouTubeには、世界中のユーザーにアプローチできるよう、言語の設定が複数できる機能があります。YouTube Studio画面で言語設定を行う動画の詳細ページを表示し、「標準」と「詳細」が並んでいるタブの内「詳細」をクリックします。画面の中央に「動画のオリジナル言語と字幕」という項目があり、下に表示されている「文字起こし」をクリックすると、さまざまな言語の設定が可能となります。チャンネルページでも同様にチャンネルタイトルと概要を他の言語に設定することも可能です。

　動画やチャンネルを他の言語へ設定する利点としては、日本語以外で検索しているユーザーへYouTube検索経由でアプローチができるという点です。YouTubeは検索キーワードと動画のタイトルとの一致度を重視する傾向にあります。そのため、たとえば英語圏向けに公開されている動画のタイトルが日本語で設定されている場合、同じ意味のキーワードで英語圏のユーザーが検索していたとしても、日本語のタイトル

とユーザーのキーワードが合致しないため、YouTube検索では不利になってしまうのです。ユーザー属性を調べることで、動画のタイトルや説明文、タグをどのように設定すべきかがわかります。

視聴端末のデータ

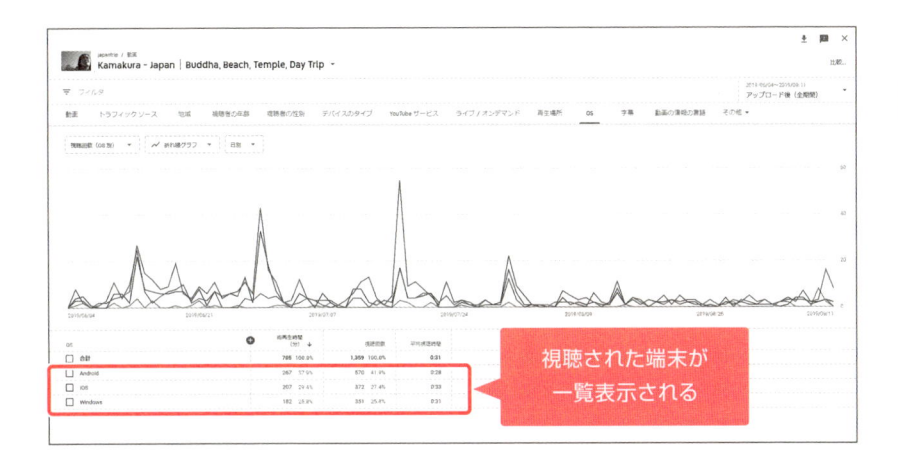

視聴された端末が一覧表示される

視聴言語のデータ

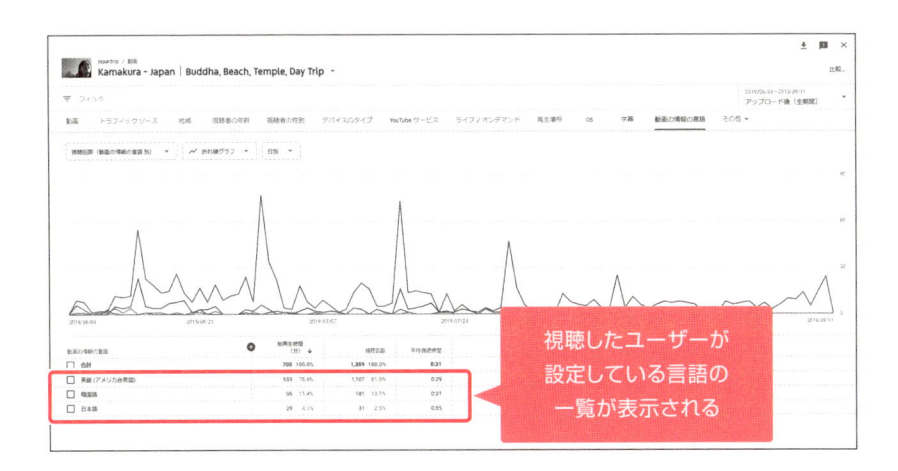

視聴したユーザーが設定している言語の一覧が表示される

次に作る動画のための YouTubeアナリティクス

- 動画の効果測定のために視聴データを把握する必要がある
- より幅広いリーチの実現のために、設定データを改善することが必要である
- 次に作る動画の検討材料をデータとして提供してくれる

▶ YouTubeアナリティクスを使う目的

　YouTube上で動画によるプロモーションを行うにあたって、1本の動画がどのユーザーにどのように視聴されているかを知ることは、視聴回数の改善だけでなくマーケティングデータを収集するという点でも重要なことです。また、自分の動画をアルゴリズムがどのように評価するかを知ることは、次に制作する動画を企画する上でも大切なことです。どのような動画を作れば、アルゴリズムはどのように判断し、ユーザーはどのように視聴するかを制作前に知っておくことで、より多くのユーザーに視聴される動画を作りやすくなります。

　YouTubeアナリティクスを活用すると、自分の動画がどんなユーザーにリーチしており、そのユーザーがどのように視聴しているかを把握することができます。その上でデータの改善を行い、さらにより多くの潜在顧客へリーチすることが、動画によるプロモーションの主な目的です。アルゴリズムからの評価を適切に受けるために、視聴データを確認し、アルゴリズムに対する最適化を行う必要があります。

▶ ユーザーの視聴目的を明確化するために

　YouTubeアナリティクスは、すでに公開している動画を幅広いユーザーにリーチするために、どんな改善を行うべきかのヒントを与えてくれます。またYouTubeアナリティクスは、次に作る動画に対する検討材料も与えてくれます。視聴者維持率からユーザーが求めるシーンがどのようなものかを割り出し、さまざまなトラフィックのクリック率や平均再生率から、ユーザーが何を求めていて、どのような情報提供をすべきかを考えるヒントを得ます。

　YouTubeアナリティクスによって、過去の自分の動画がどのように視聴されているかを把握すると、ユーザーがどんな目的で自分の動画を視聴しているかを知ることができます。すでに手元にあるデータからユーザーの視聴目的を明確に把握すること

で、動画を通してターゲットユーザーとさらに的確なコミュニケーションを行うことができます。企業側から一方的に訴求するだけでなく、ユーザーのニーズを把握した上で動画を制作することで、企業として信用度の高い情報をユーザーに届けることができます。動画を通してユーザーとコミュニケーションすることによって、自社の商品やサービスを結果的にプロモーションすることができます。

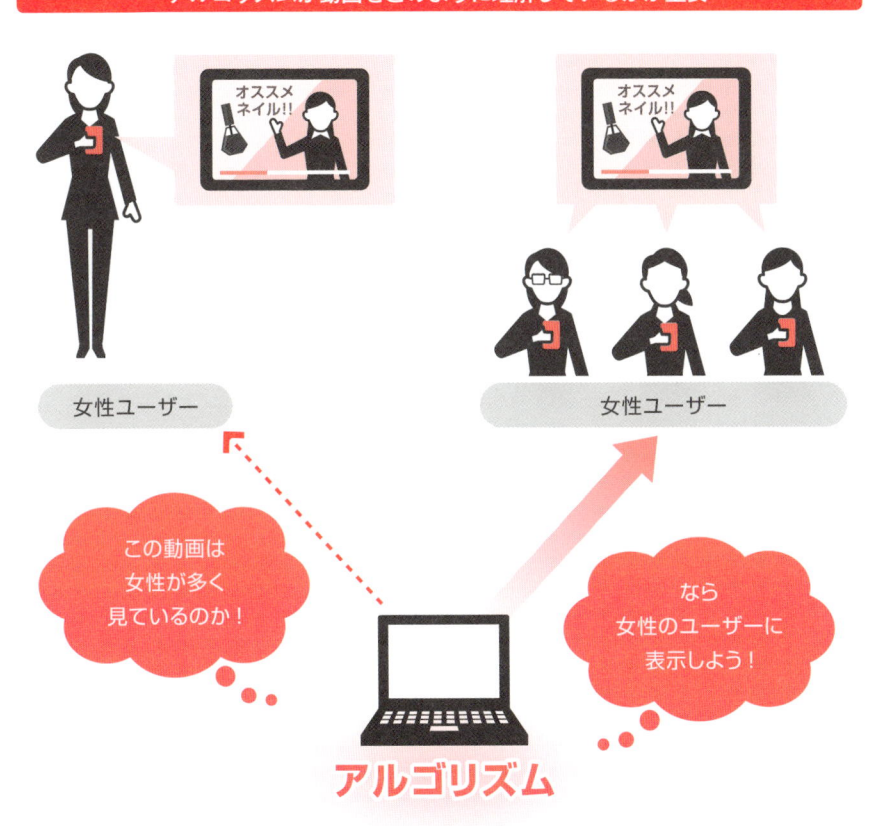

アルゴリズムが動画をどのように理解しているかが重要

女性ユーザー

女性ユーザー

この動画は女性が多く見ているのか！

なら女性のユーザーに表示しよう！

アルゴリズム

アルゴリズムは自分の動画が誰に視聴されているかを分析して、動画をどのユーザーに表示すべきかを判断している。
ターゲットユーザーに表示されるデータ設定がされていなければ、自分が意図したユーザーにきちんと表示されなくなってしまう。現時点で自分の動画が誰に表示されているのかを把握すると同時に、アルゴリズムが誰に自分の動画を表示しているのかをきちんと確認することが重要である。

YouTube上に動画を公開しても「視聴回数が伸びない」というケースが非常に多くあります。「なぜ伸びないのか理由がわからない」という担当者も多くいらっしゃいます。

YouTubeは多数ある視聴経路、評価やコメントなどから動画に対するニーズや満足度を計測し、さらに視聴者維持率など満足度も計測した上で、膨大な数の動画の中から数本を選抜して表示しています。したがって、さまざまなパラメータが入り組んでいますが、分析項目の中でとくに確認すべき値は「インプレッション数」「クリック率」「再生率」の3つです。

動画は基本的に表示されなければ視聴もされません。つまりインプレッション数（表示された回数）が視聴回数の母数となります。

動画が表示される場所は、「YouTube検索」「関連動画」「トップページ」を中心に、「後で見る」「登録チャンネル」「再生履歴」などさまざまです。どのトラフィックにどの程度表示されているかを確認することで、全体の視聴回数がわかります。

もしインプレッション数自体が少なければ、「ニーズがあまりない」「競合となる動画が多い」「データ設定に課題がある」などの理由が考えられます。

表示はされているが、視聴回数が増加しない場合、クリック率に問題があるかもしれません。「誰に表示されているのか」「どのような検索キーワードで表示されているのか」「どのような動画の関連動画として表示されているのか」を調査した上で、どのような経路でクリック率が高いのかを調べる必要があります。

インプレッション数は単なる表示ですが、クリック率はユーザーによる行動です。ユーザーの行動は動画にデータとして反映されるため、表示されてもクリックされなければ、アルゴリズムが表示を取り下げてしまうかもしれません。どのようなユーザーにクリックされるのか、どのような動画には関連動画として表示されてもクリックされないのかを知る必要があります。

クリック率はサムネイルとタイトルで上下するため、現時点での設定で誰にクリックされているかを知ることが、サムネイルを制作する上での検討材料となります。

表示され、クリックされたとしても、最後まで視聴されなければ、再生率は下がってしまいます。再生率もクリック率と同様にユーザーによる行動なので、アルゴリズムが学習していきます。再生率はユーザーのニーズと直結する数値です。視聴したいと思えなければ、ユーザーはすぐに離脱してしまいます。

再生率からは、適切なユーザーに表示されているかがわかります。インプレッション数やクリック率と同様に、どのトラフィックでの再生率が高いのか、どの年齢層からの再生率が高いのかを把握することで、どのようなユーザーをターゲットとすべきかがわかります。

▶Chapter 9

視聴データを基にした動画制作

──データを動画に活かすためのワークフロー

YouTube上で継続的にプロモーション活動を行うにあたり、より多くのユーザーにリーチするためには、新たな動画を制作する必要があります。視聴データを分析し、ユーザーがどのように動画を視聴しているのか傾向を把握した上で、ターゲットユーザーのニーズを満たす動画を制作することが重要です。では、収集、分析された視聴データを動画制作にどのように反映させればよいのでしょうか。本章では視聴データを基にした動画制作について説明します。

Chapter 9

1 ユーザーの求める動画を知るために

- どのように動画を視聴したのかをデータから読み取る
- 動画に何を求めて視聴したかを調査する
- ユーザーの求めるものが動画内に含まれているか把握する

▶ 誰がどうやって動画を視聴したのかを知る

　自分の動画の視聴データはユーザーの行動の記録であり、母数が多くなるにつれてユーザーが好む動画の傾向が見えてきます。なぜ自分の動画を視聴したのかは、視聴データから知ることは困難ですが、ユーザーが動画を視聴する前や視聴している最中にどのような行動を起こしたのかは、視聴データから読み取ることができます。

　誰が視聴したのかは性別や年齢で把握でき、どうやってみたのかについてはトラフィックを調べることで把握できます。YouTube検索から視聴したユーザーなら、どのようなキーワードで検索をして視聴したのか、関連動画から視聴したユーザーなら、1本前にどのような動画を視聴している傾向にあるのかを把握することができます。これらの視聴データを分析することで、ユーザーがどんな情報を求めて自分の動画を視聴したのかを推測することができます。

▶ ユーザーは動画に何を求めていたのか

　ユーザーは何かニーズがあって動画を視聴しますが、見たいと思う動画を探し当てるまでに複数の動画を視聴することの方が多いでしょう。ユーザーは視聴する理由が無いと判断するとすぐに離脱し、見たいと思えば見続けます。8章で説明したように、YouTubeアナリティクスで視聴データを確認することで、どんなユーザーが長く視聴し、どんなユーザーがすぐに離脱しているのかを把握できます。視聴データを確認することで、ユーザーが何を求めて自分の動画を視聴したのかを知ることができます。

　視聴データを活かして次の動画を制作するときに大切なことが、自分の動画が提供する情報とユーザーの求める情報の差を把握することです。ユーザーが求める情報が自分の動画に無かった場合は、その情報を中心に新たに動画を制作することで、ユーザーのニーズを満たせるかもしれません。視聴データを確認することで、動画に何が不足していたのかを把握することができます。

●自分の会社のエアコンの特徴を紹介している動画

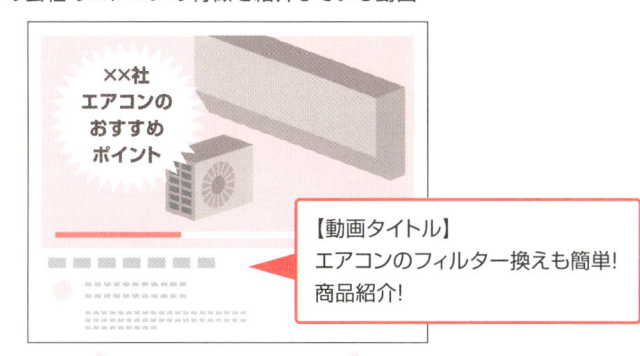

【動画タイトル】
エアコンのフィルター換えも簡単!
商品紹介!

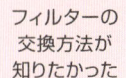 

フィルターの
交換方法が
知りたかった

ふーん
こういう特徴
なのか!

| エアコンのフィルター交換の手順を知りたいユーザー |
| エアコンの買い替えを検討しているユーザー |

検索キーワード	再生率	クリック率
エアコン フィルター	25%	2%
エアコン フィルター 交換	30%	5%
エアコン フィルター 交換方法	15%	7%
エアコン フィルター 交換手順	20%	9%

関連動画	再生率	クリック率
安くエアコンを買うコツ!	15%	1%
エアコンってどうやって選ぶ?	45%	2%
どのメーカーのエアコンがいい?	50%	2%
エアコン比較!	20%	1%

動画タイトルの「エアコンのフィルター換えも簡単!」という文言から、エアコンフィルターの換え方について調べているユーザーの検索に表示されている。
フィルターの換え方の手順を想起させるタイトルのため、クリック率は良いが動画の内容が商品紹介のため、再生率は低くなっている。

エアコンの買い替えを検討しているユーザーは、どうやって選ぶべきか、どこのエアコンが良いのかを知りたい。それらを解説する動画を見た後に、企業が公式で公開している動画を視聴しているため、再生率は良い状態。ただし、動画タイトルが「フィルターの換え方」を想起させるため、クリック率が悪い状態となっている。

視聴データをどう制作に活かすのか

- 各トラフィックの再生率で動画に対する満足度を把握する
- YouTube 検索と関連動画でニーズのあるテーマの傾向を調査する
- どんな端末で視聴されているかを把握する

▶ トラフィックデータでテーマを決める

　主なトラフィックであるYouTube検索、関連動画、トップページの視聴データは、どのようなテーマの動画にすべきかヒントを与えてくれます。ユーザーが動画を視聴するときの行動がトラフィックによって異なるからです。トップページは何の行動も起こさずに視聴を開始できるため、興味がなければすぐに離脱します。つまりトップページでの再生率が高ければユーザーに好まれているテーマであり、低ければ好まれていないテーマであるということです。

　一方、YouTube検索や関連動画は、ユーザーの行動後に視聴されるトラフィックなので、より詳細な視聴ニーズを把握できます。検索キーワードはユーザーが求めている情報を示し、再生率の高い関連動画はどのようなテーマを取り扱うべきかを示してくれます。また、動画の構成方法によっても、視聴ニーズの分析方法は異なります。たとえば1本の動画にさまざまなテーマを含めている場合、どのテーマに関する検索が多いか、またはどのテーマの場合に視聴者維持率が高くなるかを調べることで、ユーザーのニーズを把握することができます。

▶ 誰にどんな端末で視聴されているかも重要な指標

　動画の制作はパソコンで行うことが多いと思います。パソコンはある程度大きな画面で視聴することができるため、多少文字が小さかったとしても違和感を覚えることはありません。しかし視聴データを確認した結果、携帯端末による視聴が圧倒的に多かった場合は、テロップなどを携帯端末に最適化する必要があります。つまりユーザーが何で視聴しているのかを把握することも、動画の制作に影響を与えるのです。

　誰に視聴されているかについては、性別や年齢が挙げられます。動画のテーマが若年層向けであれば、テロップが多少小さかったり、動画の展開が早かったとしても、そこまで視聴の妨げとはならないでしょう。しかし高年齢層向けの場合は、視聴端末

を調査した上で、文字の大きさなどを変更する必要があるかもしれません。また、男女どちらかの視聴が多い場合は、それぞれが好むような動画にする必要があります。

動画内でのテーマ単位でニーズを把握する

トップページ

トップページからの再生率が良い動画は、ユーザーの興味を捉えていると判断できる。そのためその動画のテーマを中心にシリーズ化することが考えられる。

関連動画

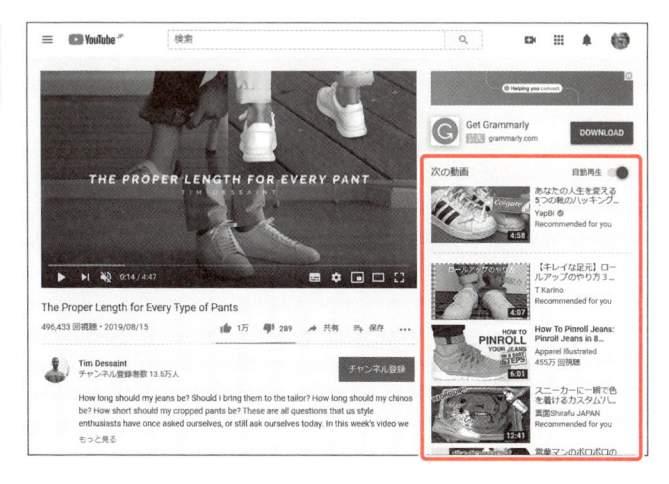

自分の動画がどのような動画の関連動画として表示されたかを知ることで、他にどのような動画があるかが分かる。どのような他の動画に関連動画として表示されたかを知ることで、ユーザーが自分の動画に何を求めているかを知ることができる。

検索キーワードが制作する動画の指標となる

- 視聴に至ったキーワードを動画制作の指標とする
- キーワード単位の再生率でニーズを把握する
- キーワードの傾向が想定と異なる場合はデータの改善が必要

▶ どんなキーワードで視聴されているのか

トップページや関連動画は、たまたま視聴したり、ついでに視聴したりと、ユーザーの視聴に対する姿勢はそこまで強くありません。しかし検索して動画を視聴をするユーザーは、明確な視聴目的があるといえます。このようなユーザーのニーズと合致した動画の場合は、YouTube検索の再生率が、トップページや関連動画のトラフィックよりも高くなる傾向があります。

明確な視聴目的があるということは、それだけニーズがあるということです。ユーザーの検索キーワードに対して、自分の動画がどのくらい表示されたかを知ることは、アルゴリズム最適化の効果を把握するときに役立ちます。同時にキーワードを通じてユーザーがどんな動画を求めているかも知ることができるため、新しい動画の内容を考えるときにも役立ちます。自分の動画がどのようなキーワードで検索されているのか、それぞれのキーワードで検索したユーザーがどのぐらいの再生率を出しているのかを確認することで、その動画がどのようなニーズを満たしているのかを判断することができます。

▶ アルゴリズム最適化によって幅広いキーワードで表示される

動画に対してアルゴリズム最適化を行っても、最初の数か月間はターゲットとしたキーワードでのみ検索結果画面に表示されるため、ターゲットキーワード以外のキーワードで検索したユーザーからはあまり視聴されません。しかしさまざまなユーザーから視聴され、視聴データが蓄積されてくると、徐々にターゲットとしたキーワードと類似するキーワードでも検索結果画面に表示されるようになります。

ターゲットとしていない類似のキーワードで自分の動画が表示されたということは、そのキーワードであっても、自分の動画が視聴される可能性が高いとアルゴリズムが判断したということです。アルゴリズムはユーザーの視聴履歴と自分の動画の視

聴データを分析して、視聴される可能性が高いと判断すると、自分の動画をユーザーに表示してくれます。つまり、自分の動画を直接的に検索しようとしているわけではないが、表示すれば視聴される可能性が高いとアルゴリズムに判断されると、自分の動画はより多くのキーワードに対して表示されるようになるのです。表示されるキーワードの幅が広がることで、潜在顧客がどのような情報を求めているかがわかるため、それらの類似のキーワードは新たな動画制作における指標の一つとなります。

視聴データの蓄積によって表示される検索キーワードの幅が広がる

キャンプ初心者必見! ソロキャンプの便利な道具を紹介!

●動画公開直後の検索キーワード

検索キーワード	平均再生率
キャンプ 方法	30%
キャンプ 初心者	55%
キャンプ 道具	50%

●動画公開から3ヶ月後の検索キーワード

検索キーワード	平均再生率
キャンプ 方法	30%
キャンプ 初心者	55%
キャンプ 道具	50%
キャンプ 木炭	25%
キャンプ 寝袋	35%
キャンプ 虫除け	15%

自分の動画が表示される検索キーワードの幅が広がっている

検索キーワードでユーザーが何を見たいかを知る

● どのキーワードはユーザーのニーズを満たしているかを把握する
● 動画での訴求内容とキーワードの一致具合を調査する
● 再生率やクリック率の低さの原因を分析する

▶ 再生率の高いキーワードを把握する

　公開している動画の視聴状況を確認するとき、まず必要なのは現時点でどの動画がどのようなユーザーのニーズを満たしているかを把握することです。それは検索キーワード単位で再生率を確認することで判断できます。数多くある検索キーワードのうち、どのようなキーワードが再生率が高いのか、その傾向を調査することで、自分の動画がユーザーのニーズを満たすことができたキーワードを発見できます。

　たとえば、初めてネコを飼うユーザー向けの動画を公開しているとします。動画の中には「日常の接し方」「遊び方」「体の洗い方」の3つのテーマがあるとします。動画を公開した後、「体の洗い方」に関する検索キーワードが最も多いことがわかり、同時に視聴者維持率もそのシーンだけ高いとします。このような視聴データが得られた場合、ユーザーは「体の洗い方」に興味があると判断できるため、「体の洗い方」について解説する動画を新たに制作することで、より多くの視聴回数を獲得できる可能性が高いと判断できます。

▶ 再生率やクリック率の低いキーワードの理由を検討する

　キーワードによっては、再生率の低いものも出てくるでしょう。求めている動画の内容と違ったという反応の表れですが、再生率の低いキーワードも、新たに動画を制作する場合に活用できます。再生率が低い原因は、単に自分の動画の中にそのキーワードに関する情報が含まれていないだけであり、ユーザーからのニーズがあることは明確です。そのため、再生率が低いからといってそのキーワードを避けるのではなく、そのキーワードに関する動画を制作することでユーザーのニーズを満たすことができると考えられます。

　クリック率の低いキーワードについても同様に、クリック率が低いからといってそのキーワードを避ける必要はありません。クリック率が低いキーワードがターゲット

キーワードの場合は、サムネイルを変更したりタイトルを改善する必要がありますが、ターゲットキーワードでない場合は、ユーザーの求める内容と動画の内容が違ったということになります。動画を運用していくと、幅広いキーワードで自分の動画が表示されるようになるため、クリック率が低いキーワードも新しい動画を制作するときのコンテンツ候補の一つとなりえるでしょう。

表示回数の少ないキーワードをテーマとした動画を制作することも視聴データを活用した動画制作の一環である

初めてネコを飼うユーザー向けの動画

初心者向け ネコを迎え入れるときの注意点

検索キーワード	平均再生率	表示回数
ネコ 初めて	35%	1,000
ネコ 体 洗い方	55%	600
ネコ 洗う	45%	800
ネコ 洗う シャンプー	60%	300

「洗い方」に関する検索キーワードで動画が表示されている。
「ネコ 初めて」は表示回数が多いためユーザー母数は多いが、高い再生率が取りづらい。
一方「洗い方」に関するキーワードは表示回数は少ないが再生率が良い。
このデータから、猫を初めて飼うユーザーは猫の洗い方について知りたいということが分かる。

Chapter 9

5 関連動画として表示された動画の調査

- 表示されている関連動画の傾向を把握する
- 再生率の高い関連動画の、動画の内容を調査する
- 表示された関連動画を基にどのような動画が必要かを検討する

▶ どのような動画の関連動画として表示されているのか

　他の動画の関連動画に自分の動画が表示されるかどうかは、タグを中心としたデータ設定に左右されるため、自分の動画に適切な設定がされている必要があります。自分のチャンネルの動画に自分の動画が関連動画として表示されている場合は、表示先が自分の動画ですから、新たに動画を制作する上ではあまり参考になりません。しかし類似する他のチャンネルの動画に表示されている場合は、その動画の傾向を調べることで、今後どのような動画を作るべきかを判断するヒントとなります。

　他のチャンネルに自分の動画が関連動画として動画が表示されるようになったとき、まず確認すべきことは、どのような動画に表示されているかということです。表示されている動画の傾向を調べることによって、アルゴリズムが自分の動画を表示するユーザーや、動画を適切に認識しているかを知ることができます。傾向を把握した後、クリック率と再生率が高いものと低いものに分類し、それぞれどのような動画であれば再生率が高く、どのような動画であれば再生率が低いのかを把握する必要があります。

▶ 再生率の高い動画の内容を調査する

　自分の動画が関連動画を経由して視聴され、さらに再生率が高い場合は、1つ前の動画で十分な情報が得られなかった可能性が考えられます。ユーザーは関連動画を見続けることで情報収集を行いますが、1つ前の動画で知りたい情報がすべて獲得できたならば、次の動画を視聴する必要はありません。このような場合、YouTubeアナリティクスで自分の動画の関連動画トラフィックを分析しても、関連動画トラフィックの一覧に他のチャンネルの動画が表示されることはなくなります。つまり関連動画として表示されたということは、情報をさらに知りたいと感じたユーザーが視聴したトラフィックということになります。

新たな動画を作るときは、自分の動画を関連動画として表示した他のチャンネルの動画と、自分の動画の内容を比較して、他のチャンネルの動画と自分の動画がそれぞれどんな内容を含んでいるかを調査します。そうすることで、新たに制作する動画にどのような要素を入れればユーザーのニーズを満たすことができるかを判断することができます。

再生率の高い関連動画は不足情報の補填を目的として視聴している可能性もある

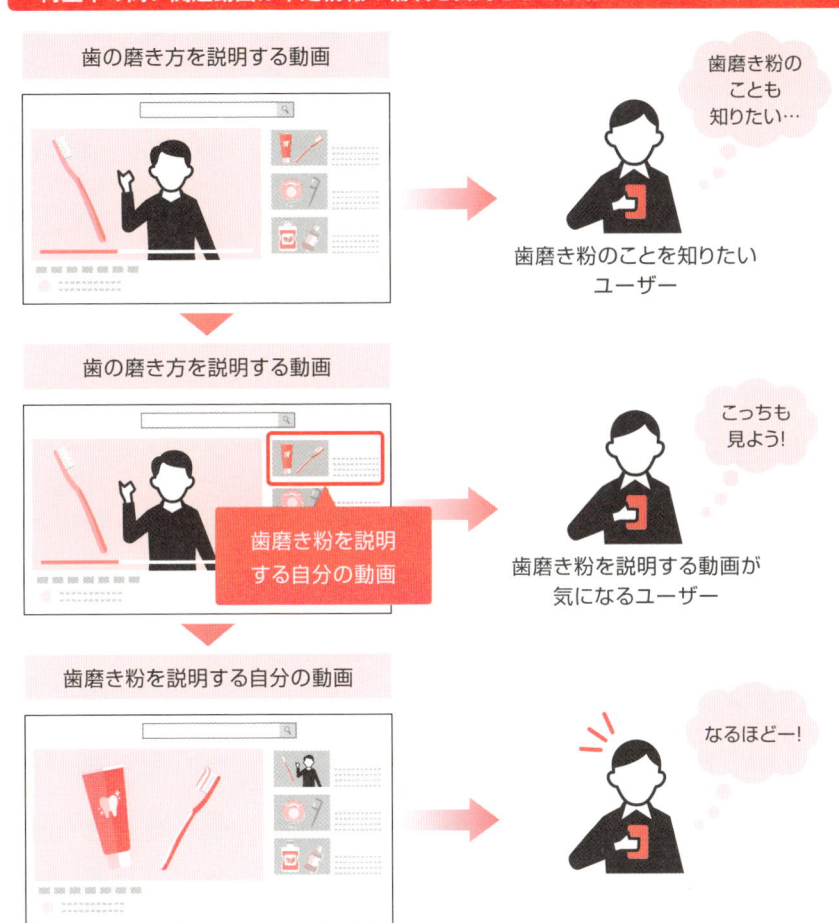

歯の磨き方を説明する動画

歯磨き粉のことも知りたい…

歯磨き粉のことを知りたいユーザー

歯の磨き方を説明する動画

歯磨き粉を説明する自分の動画

こっちも見よう!

歯磨き粉を説明する動画が気になるユーザー

歯磨き粉を説明する自分の動画

なるほどー!

歯の磨き方に関する動画を視聴していたユーザーが、歯磨き粉の動画も視聴したいと思った事例。
最初にみた動画では歯の磨き方のみの解説だったため、歯磨き粉の解説が無かった。歯磨き粉の動画を見たいと思ったユーザーは自分の動画である歯磨き粉の動画を視聴した。このような場合、ユーザーは不足情報を得るために自分の動画を視聴したと考えられる。

6 関連動画として表示された 再生率の低い動画とは

- 再生率の低い関連動画の傾向を把握する
- 再生率の低い理由を動画構成を中心に検討する
- 関連動画として表示された動画のテーマをチャンネル内で扱うべきか検討する

▶ 動画構成による離脱率の上昇

　他のチャンネルの動画に関連動画として表示されたものの、再生率が低い場合もあります。関連動画として表示され、気になると感じてクリックしたものの、冒頭を視聴して間違えたと判断し、すぐに別の動画に移動してしまったというような場合です。関連動画の場合はサムネイルが誤解を生んでいることもありますが、サムネイルと動画の内容によほど開きが無い限りは、動画構成が原因となっている可能が高いです。

　ユーザーはサムネイルとタイトルを見て動画をクリックします。ユーザーはクリックした時点では、その動画が1つ前に視聴していた動画と類似していることを期待しています。しかし、動画の冒頭で想定していた内容と違うものが出てくると、離脱してしまう可能性が高まります。再生率の低い関連動画が多い場合は、タグの構成が適切でないか、動画の構成が類似する他のチャンネルの動画の構成と差があることが考えられます。

▶ テーマとして取り扱っていない動画かどうか

　自分の動画が関連動画として表示された他の動画を視聴してみると、その動画に自分の動画には無い内容や説明が含まれていることがあります。こうした内容や説明は、自分が新たに動画を制作するときの参考になります。一概にすべてが参考になるわけではありませんが、その動画に評価やコメントが多ければニーズは高いと判断できます。さらに、関連動画として表示されたということは、その動画と自分の動画の視聴傾向が類似しているとアルゴリズムが判断したと考えられ、互いのユーザーは近い潜在顧客である可能性が高いと考えられます。効率良く多くのユーザーにリーチするためには、全く新しい動画を考えるよりも、ニーズがすでに明確なテーマとする方がよいでしょう。

　関連動画には、なぜこの動画の関連動画として表示されたのかがわからないものも

数多くあります。どの部分に関連性があるかわからない動画は、表示回数や視聴回数もそれほど多くないケースが大半です。関連動画のデータを確認して新たな動画の制作を計画する場合は、まとまった数の表示回数と視聴回数を持つ動画に絞ることで調査を効率よく行うことができます。

視聴回数の増加だけを狙ったタグの設定はニーズに合わないユーザーに表示される

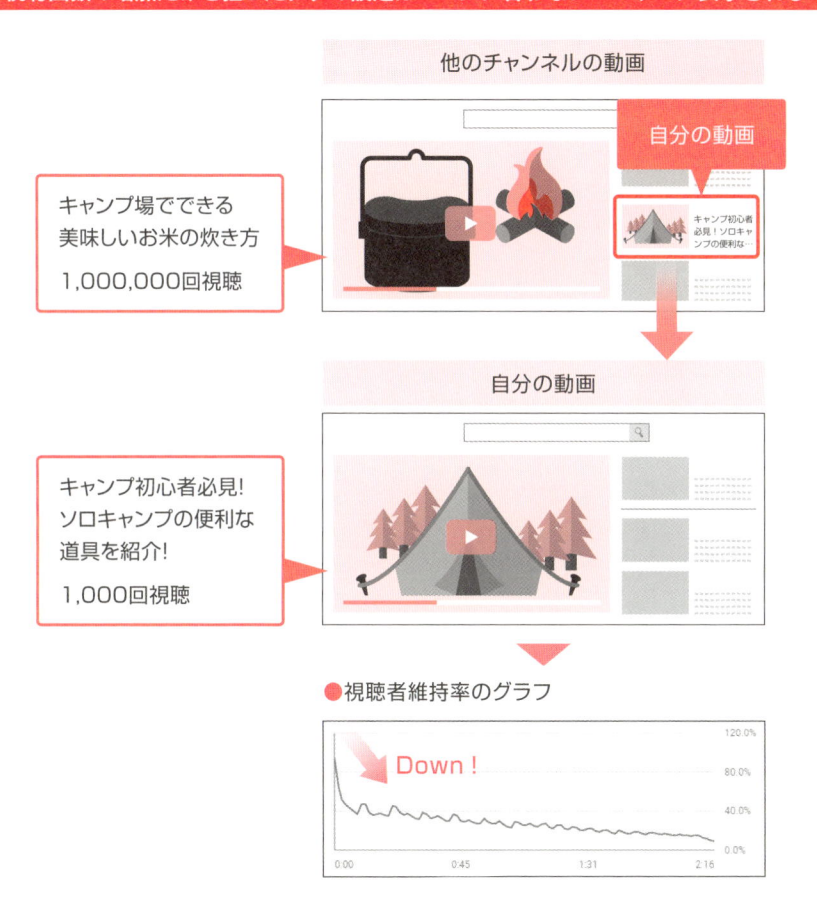

他のチャンネルの動画

自分の動画

キャンプ場でできる
美味しいお米の炊き方

1,000,000回視聴

自分の動画

キャンプ初心者必見!
ソロキャンプの便利な
道具を紹介!

1,000回視聴

●視聴者維持率のグラフ

Down!

「キャンプ場でできる美味しいお米の炊き方」という他の動画が再生回数が多かったため、自分の動画を関連動画として表示させようとした事例。
自分の動画の内容と関連性が薄かったり、ユーザーのニーズがあまりない動画へ関連動画に表示されても、ユーザーの興味が薄いため視聴者維持率の減少につながることがある。
どの動画の関連動画として表示させるかは再生数だけで決めるのではなく、ユーザーの利便性も考えて慎重に決めるべきである。

7 視聴者維持率を動画制作に どう活かすか

- 動画冒頭でのユーザーの離脱防止と動画の構成を検討する
- 動画冒頭でユーザーを離脱させないための工夫を行う
- どのシーンが視聴を集めているかを把握する

▶ 動画冒頭の視聴者維持率に注意する

　どんな動画であっても、視聴者維持率のグラフには共通することがあります。それ は動画の冒頭でグラフが下がることです。とくに動画がタイトルから始まっている場 合は、冒頭での視聴者維持率は急降下する傾向があります。視聴者維持率のグラフ は、冒頭で下がった後、さらに目に見えて下がることは少なく、緩やかに減少しなが ら中盤から後半にかけて上下を繰り返します。

　どのような始まり方にすれば視聴者維持率を下げないのかを見つけるために、色々 なパターンの始まり方で動画を制作して公開してみる必要があります。YouTube上 で人気のある動画の始まり方としては、動画中盤のユーザーが気になる可能性の高い シーンや、テレビ番組のように動画全体のダイジェスト映像などがあります。動画の 種類や目的によって動画冒頭の作り方はさまざまですが、ユーザーがまず初めに何を 求めているのかを探る必要があります。

▶ 視聴者維持率の傾向を把握する

　視聴者維持率はユーザーの離脱状況や繰り返し視聴されているシーンを把握する ために活用できます。動画のどの部分が視聴されているのか、いないのかを把握する という意味で、1本の動画の視聴者維持率を調べることは有益です。しかし、どんな シーンがユーザーの離脱につながるかという疑問を解消するためには、1本の動画で はなく、複数本の動画の視聴者維持率について傾向を把握する必要があります。

　たとえば、複数の動画の視聴者維持率を調査した結果、動画に動きが少ないシーン で視聴者維持率が徐々に下落するという傾向を見つけることができるかもしれませ ん。同じようなシーンを長時間見せられたユーザーは、動画に興味を失い、離脱する 可能性が高まります。現在、YouTube上で人気の高い動画のカットやテロップ表示の 時間が短くなってきているのは、そのためかもしれません。短いカットでつなげられ

た動画を見慣れてしまったユーザーは、長い1カットの動画について、早々に興味を失ってしまう可能性があります。

自分の動画

動画の視聴データ

● 動画の視聴者維持率グラフ

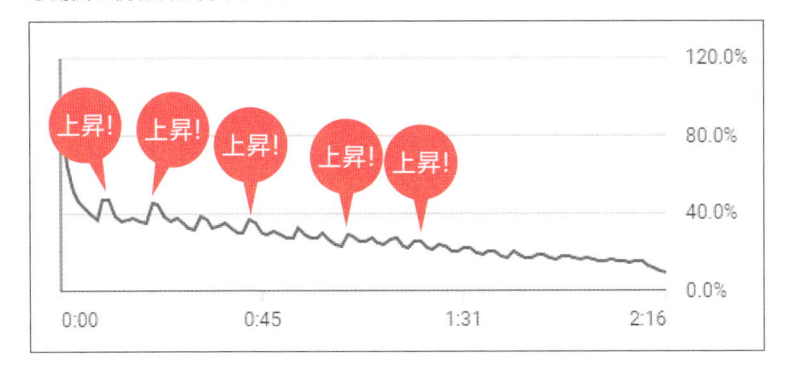

どのようなシーンでグラフが上昇し、反対に下落するかを知ることで、
どのような映像を動画に取り入れるべきかを判断することができる。

視聴者維持率からわかる編集方法と必要なシーンの選択

- ● ターゲットユーザーによって普段視聴している動画が異なる
- ● ユーザーの離脱とシーンの内容を検討する
- ● 視聴者維持率を基にどこのシーンをカットすべきかを検討する

▶ 視聴者維持率から見たユーザーが好む編集方法

一般にユーザーが視聴する動画は、企業が公開しているものよりも、YouTubeクリエイターなどが制作したものの方が多いでしょう。その時々の人気動画を表す「急上昇」に表示される動画には、YouTubeクリエイターが制作した動画も多く含まれます。「急上昇」に表示されている動画も、動画を制作する上で参考になるかもしれません。とくにターゲットユーザーの年齢層が若い場合は、主にYouTubeクリエイターの動画を視聴していると考えられるため、彼らの動画の雰囲気や編集方法に慣れている可能性が高いでしょう。

ターゲットユーザーが視聴していそうな動画を調査し、それらの動画と自分の動画の視聴者維持率を比較することで、ユーザーの離脱が発生しているシーンなど原因がわかるかもしれません。ターゲットユーザーが1カットあたりの長さが短い動画を視聴する傾向にあるならば、長いシーンを飛ばすか、長いと感じた時点で離脱する可能性が大いにあります。

▶ 視聴者維持率からどんなシーンを入れ、どんなシーンを外すかを判断する

一方、ターゲットユーザーによっては、短いカットが続く動画を好まない可能性もあります。YouTubeクリエイターの動画にあまり馴染みがないユーザーの場合は、短いカットが連続する動画に違和感を覚え、視聴をやめてしまう可能性もあります。

編集方法のほかに視聴者維持率からわかることは、ユーザーが何を見たがっているかです。視聴者維持率が下がるシーンは視聴されておらず、視聴者維持率が上がるシーンは視聴されています。ユーザーが繰り返し視聴するシーンは、視聴者維持率が100%を超えることもあります。複数の動画について視聴者維持率を調査することで、ユーザーがより詳しく見たいと思っているシーンを推察し、そのシーンを新たに作る動画に入れることで、その動画全体の視聴者維持率が高まる可能性があります。

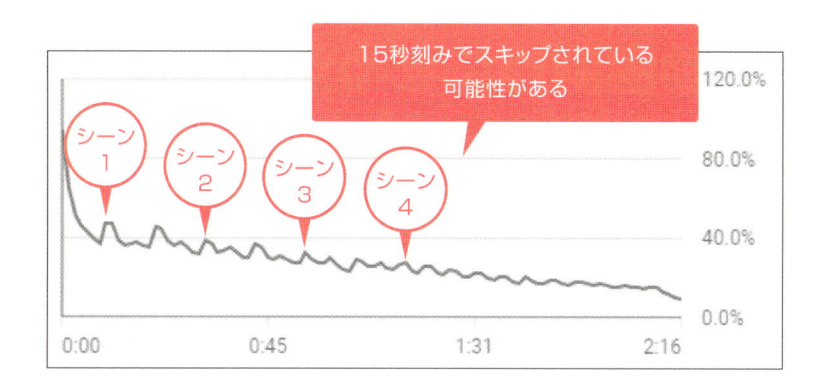

シーン1の映像

シーン2の映像

シーン3の映像

シーン4の映像

視聴者維持率グラフが上昇しているシーンに統一性がないが、約15秒ごとにグラフが上昇している。この場合ユーザーがスキップしながら動画を視聴している可能性が考えられる。

視聴ユーザーの年齢や自分の動画が関連動画として表示された動画を確認した上で、動画のテンポを早めた動画の方が好まれるのかを検討したり、YouTube検索のキーワードを調査して、ユーザーが見たい映像が自分の動画に含まれているかどうかを調べる必要がある。

その上で、次に作る動画のテンポや動画の中に含める映像を選定する必要がある。

9 相対的視聴者維持率を 動画制作にどう活かすか

- 他の動画と比較してどのシーンが視聴されていないかを把握する
- 急激にグラフが下落しているシーンはカットを検討する
- グラフが平均以上のシーンは他の動画にも取り入れる

▶ 他の動画と比べてどこのシーンが視聴されていないか

　相対的視聴者維持率は、同程度の長さの動画と比較して視聴者維持率が平均よりも上か下かを表すグラフです。最も一般的な視聴者維持率の推移をしている動画の場合は、相対的視聴者維持率のグラフは常に「平均」に位置しているということになります。中央からの上下を見ることで、どのシーンが人気があり、どのシーンが人気がないかを把握することができます。

　相対的視聴者維持率を動画制作に活用する上で、まず確認すべきはグラフが平均より下になっているシーンです。とくに動画中盤で平均以下になっている場合は、そのシーンがユーザーの求めている内容とは明確に異なっているといえます。このようなシーンがある場合は、視聴者維持率と比較して、そのシーンの前後でグラフが急激もしくはなだらかに下落していないかどうかの確認が必要です。ユーザーにメッセージを伝える上で必要のないシーンであれば、新たな動画ではカットします。

▶ 相対的視聴者維持率が高いシーンは動画に取り入れる

　相対的視聴者維持率が高いシーンは、同じ程度の長さの他の動画と比べてもユーザーからよく視聴されているということです。とくに動画の中盤から終盤にかけて一般的には視聴者維持率が下がる中で、相対的視聴者維持率が高い場合は人気のあるシーンであると言えます。そのようなシーンがある場合、動画の序盤や冒頭に差し込むことで、動画冒頭で発生するユーザーの離脱を軽減するために有効であるかもしれません。

　相対的視聴者維持率があまり参考にならない動画は、動画自体が短い場合です。30秒や1分の動画の場合、視聴者維持率自体がそこまで下がることがあまりないため、相対的視聴者維持率もグラフの上下があまり見られないケースが多いです。一方で動画の長さが5分や10分など比較的長い場合は相対的視聴者維持率が参考になります。

視聴者維持率のグラフでは微量な上下で判断がつきにくい場合に、どのシーンが人気でどのシーンが不人気であるかを判断するために有効です。

相対的な視聴度合いでシーンを評価する

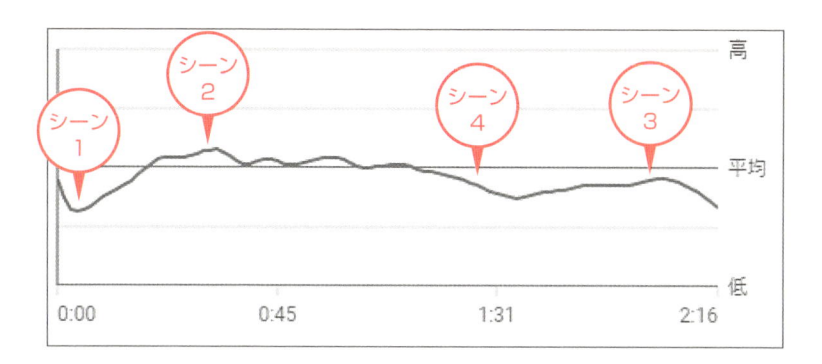

シーン1の映像

シーン2の映像

シーン3の映像

シーン4の映像

シーン	コメント
シーン1	冒頭3秒で視聴者維持率が急降下しているため、違うシーンを冒頭に入れたほうが良い
シーン2	寺や自然のシーンでグラフが徐々に回復。これらのシーンはニーズがある
シーン3	寺以外のシーンが続くとグラフが徐々に下落傾向にある
シーン4	寺が多めのシーンに戻るとグラフが徐々に回復。ユーザーは寺が見たいと考えられる

10 ユーザーの視聴端末に合わせる

- 動画を最適化させる端末を選定する
- 最適化すべき端末で実際に視聴してみる
- 動画の用途や想定されるユーザーの視聴環境を考えて編集する

▶ ユーザーはどの端末で視聴しているのか

　動画を視聴する端末はシーンによって異なります。家でリラックスしているときは気軽にスマートフォンで視聴することが多いでしょうし、職場などで情報収集を行うときや何かを学びたいときはパソコンで視聴することが多いでしょう。年齢によっても扱う端末は異なります。若年層であればパソコンを持たず、情報収集などはすべてスマートフォンで行っているかもしれません。

　このように動画を再生する端末は、状況や目的、年齢などによって異なります。たとえば、屋外で使用する商品の使い方を説明する動画の場合、室内で視聴することも考えられますが、屋外で視聴しながら作業をすることを考えると、視聴端末はスマートフォンやタブレットとなる可能性が高いでしょう。

▶ ユーザーの視聴端末に合わせた動画編集

　パソコンとスマートフォンでは、画面のサイズが大きく異なります。たとえば動画内でテロップを表示する場合、パソコンでは違和感がなくても、スマートフォンでは文字サイズが小さすぎて読みづらいかもしれません。視聴端末が主にスマートフォンと考えられる場合は、パソコンで動画を編集した後、スマートフォンで視認性の確認を行う必要があります。

　文字サイズだけでなく、操作についても配慮が必要です。たとえば、複数のステップを経て行う商品やサービスの使い方を説明する動画の場合、ユーザーは動画を停止しながら、あるいは少し巻き戻したりしながら動画を視聴するかもしれません。このようなとき、パソコンならばマウスを使って簡単に操作できますが、スマートフォンでは指で操作を行うことになります。ステップ毎の時間が短い場合、指で時間を操作することを考えると、シーンを若干長くしたりなどの配慮も必要となります。

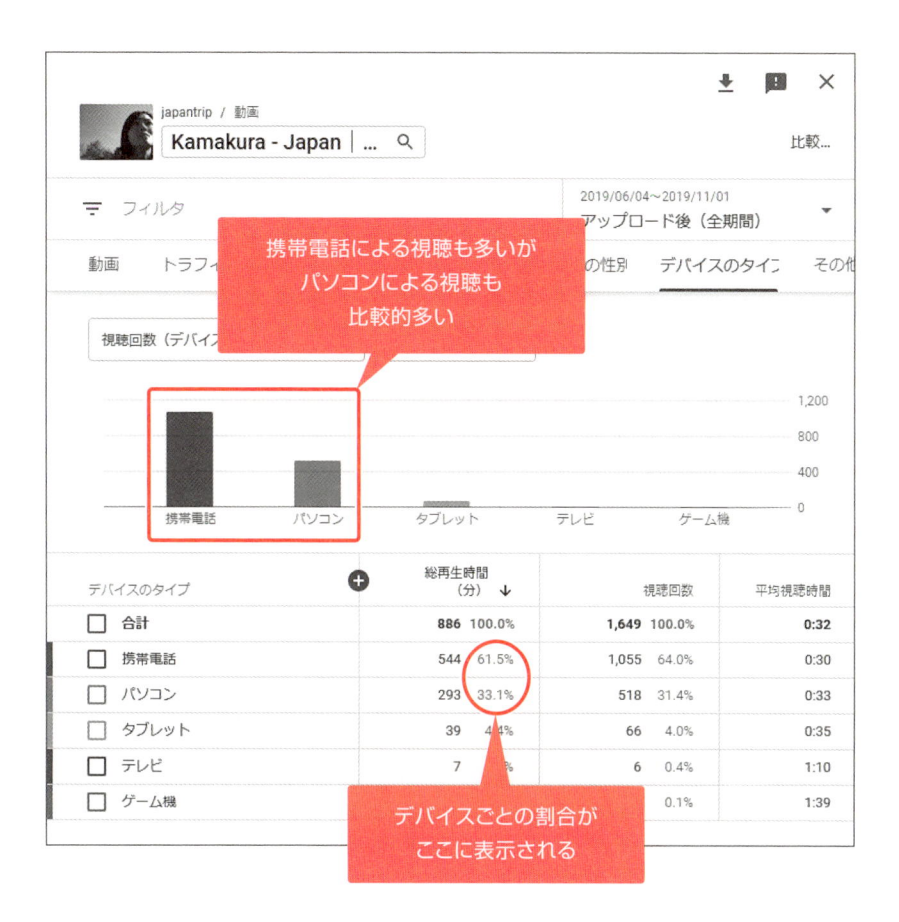

ユーザーがどのデバイスで主に視聴しているかは動画編集時にも注意すべき点である。

パソコンでは文字の視認性に問題がなくても、スマートフォンでは画面が小さいため文字が読みにくくなる可能性はある。

どのデバイスに最適化するかは視聴データを確認した上で決定すべきである。

動画内で扱う言語を何に設定するか

- ターゲットユーザーが国内か国外かを選定する
- 動画内で扱う言語の選定を行う
- 視聴回数の多い言語のために言語を最適化した動画を制作する

▶ ターゲットユーザーは国内か国外か

　YouTubeはさまざまな国で視聴できるため、国や言語を問わずターゲットユーザーに動画を視聴してもらう機会を得ることができます。たとえば、ホテルやレストラン、観光地など訪日外国人を対象としている場合は、日本人よりもむしろ外国人に動画を視聴して欲しいでしょう。YouTubeではタイトルと概要欄については言語設定で多言語への対応が可能ですが、ナレーションやテロップなど動画の中身を英語や中国語などにする場合は、各言語用に制作した動画をそれぞれアップロードして公開する必要があります。

　音声やテロップの無い動画ならば、どの国のユーザーでも違和感を覚えることはありませんが、ナレーションやテロップのある動画では、それらがユーザーの母国語と異なれば、内容が理解しづらくなります。多言語化によるデータ設定で概要欄に各言語でシーン毎の説明を記載することはできますが、その場合はユーザーが概要欄を確認するというステップを挟むことになります。

▶ 視聴回数の多い言語用に動画を準備する

　視聴データが何もない状態で、多言語化された動画を複数制作することは効率的ではありません。特定の言語を扱うユーザーに向けた動画は、言語単位で制作する必要があります。しかし、まずは動画がどの国や言語のユーザーに視聴されるかを把握したい場合は、YouTube上で多言語化の設定を行った上で、視聴データを蓄積する必要があります。

　視聴データが集まってから、各言語や国の動画の表示回数や視聴回数、クリック率、平均再生率を調べて、どの言語に向けて動画を制作するかを判断します。たとえば、動画を英語で制作して多言語化した結果、特定の国のユーザーによる表示回数や視聴回数が多かった場合は、その国の言語で動画を制作しても有益となる可能性は高いで

しょう。最初からさまざまな言語に対応した動画を作るのではなく、視聴データを基にどの言語に対応した動画を制作するかを決めるとよいでしょう。

英語の動画を日本語に対応させた動画の例

最も手軽にできる多言語対応は動画のデータ設定である。視聴データが無い状態で動画そのものを多言語対応する場合、それぞれに動画を出力する必要があるため時間もかかる上に、どの言語に対応すべきかが明確でないため効率が良くない。
まずは動画のデータ設定を多言語対応させることでどの言語からの視聴ニーズが多いかを調査し、その上で動画を他の言語に対応させることが望ましい。

チャンネル登録の基になった動画のシリーズ化

- チャンネル登録に至った動画を調査する
- チャンネル登録の解除のきっかけとなった動画の内容を調査する
- チャンネル登録に繋がった動画のシリーズ化を検討する

▶ チャンネル登録を行ったきっかけを調査する

　ユーザーがチャンネル登録を行った動画は、とくに注意して調査を行う必要があります。ユーザーが1つの動画を視聴しただけでチャンネル登録を行うことはあまりありません。チャンネル内で公開されている複数の動画を視聴した上で、公開される動画を継続的に視聴したいと考えてチャンネル登録を行います。したがって、どのような動画がチャンネル登録のきっかけとなったのかは、チャンネル登録者数を継続して増加させる上で重要なデータの一つとなります。

　チャンネル運用において、チャンネル登録の基となった動画の傾向を把握することは重要です。どの動画を視聴してチャンネル登録を行ったのか、どの動画を視聴してチャンネル登録を解除したのか。チャンネル登録を行ったのは動画からでなく、チャンネルページからかもしれません。同様に登録の解除もチャンネルページから行っている可能性もあります。

▶ チャンネル登録のきっかけとなった動画をシリーズ化する

　ユーザーはチャンネル登録をするきっかけとなった動画を継続的に視聴したいと考えている可能性があります。ところがユーザーの期待と異なった動画ばかりがチャンネルで公開されると、ユーザーは登録を解除してしまうかもしれません。とくにさまざまなカテゴリの動画を扱うチャンネルであれば、その傾向はより顕著に出ることでしょう。

　チャンネル登録をしてもらうためには、「このチャンネルで公開される動画を継続して視聴したい」と思ってもらう必要があります。とはいえ、チャンネルで公開しているすべての動画が、チャンネル登録に繋がるものである必要はありません。たとえば、明確なニーズを持ったユーザーが、情報的コンテンツを視聴したとします。ニーズが満たされたユーザーはそのチャンネルに興味を持ち、チャンネル内の他の動画を視聴

する可能性は高いでしょう。そして、いくつかの動画の中で最も興味を惹かれた動画を視聴したときに、「このチャンネルの動画を今後も見たい」と感じてチャンネル登録をします。このような場合、視聴のきっかけとなった動画と、チャンネル登録に繋がった動画は異なります。チャンネル登録に多くつながっている動画は、ユーザーに今後も視聴したいと感じさせる内容であり、ユーザーの行動を起こしやすい内容であると考えられます。そのため、こうした動画をシリーズ化することで、ユーザーを継続して惹きつけておくことができます。

チャンネル登録に繋がった動画をシリーズ化する

最初に視聴した動画

一人暮らし必見! 5分でできる自炊料理5選!

次に視聴した動画

便利! 知られざる電子レンジの機能を使ったカンタン料理10品を一気に紹介!

チャンネル登録の発生

開発者座談会!
商品開発の裏側を紹介!

ユーザーが一番最初に視聴した動画と、チャンネル登録を行った動画はことなく場合が多い。チャンネル登録のきっかけとなるのは、自分のチャンネルで公開されている全ての動画だが、ユーザーがチャンネル登録を行った動画は数が限られる。
どの動画が最もチャンネル登録のきっかけとなっているのかを調査し、傾向があればそれらの動画をシリーズ化することもチャンネル登録者を増加させる方法の一つである。

Column 視聴データを参考にしたほうが良いチャンネルとは

　視聴データは、動画が視聴された結果を数値で表してくれるものです。しかし視聴データはあくまで"結果"であり、完全に視聴データを基にして動画を制作することが正解であるとはいえません。

　また、視聴データはアルゴリズム最適化と関連性が強いため、正しいデータ設定が行われていないと偏りが生じる場合があります。設定方法によっては非常にニッチな層にのみ表示されており、その視聴データを基に動画制作を進めてしまうと、ユーザー層の広がりが得られなくなってしまう可能性があります。

　視聴データはサムネイルやタイトル、タグなどで大きく変化するため、まずは参考にしてもよい視聴データが獲得できているかどうかの判断が重要となります。

　これらを踏まえた上で、視聴データを参考にした方がよいチャンネルは、登録者数の少ないチャンネルです。登録者数が少ないチャンネルは、公開している動画の視聴回数も少ない場合が一般的です。つまりチャンネルがまだ認知されていない状態ということです。

　ユーザーがチャンネル登録を行う動機は、そのチャンネルがユーザーに対して何か役割を持てたときです。この役割こそが、チャンネル全体のテーマであったり、動画のカテゴリであったりします。

　また、ユーザーがどのシーンを最も視聴しているのかは、映像としてどんなシーンをユーザーに見せるべきなのかの指標となります。視聴データを把握した上で、ユーザーが求めていると考えられる動画を公開することで、「視聴しやすい動画を公開するチャンネルである」という印象を持たせることができます。

　視聴データを基にユーザーが求める動画を作ることで、ユーザーにとっての視聴体験や利便性が高まり、チャンネル登録をする可能性は高まります。どのように視聴されたかを把握せずに動画を制作するよりも、効率的に質の高い動画を制作できるようになります。ユーザーが好む傾向にある動画を制作することで、チャンネル登録者を増やし、目標とする一定値まで到達したときに、YouTubeを通じて行いたかったことや、ユーザーに訴求したい内容を動画を通じて訴求することができるようになります。コメントでユーザーやり取りをする機会も増加するでしょう。

　このように、まずは視聴者のニーズ合わせて動画を制作することでチャンネル登録者を増加させ、検索量などを把握してニーズの高い動画を制作することで認知を獲得していきます。そして、チャンネルのファンを獲得できれば、ユーザーに対して短期間に商品やサービスのプロモーションを行うことができます。企業が投稿するコンテンツを高い割合で認識するユーザーの数を増加させることが、YouTubeを活用するメリットでもあります。

コミュニケーションツールとしてのYouTube

──交流機能でユーザー・ファンを囲い込む

YouTubeは動画を通じて一方向にユーザーにメッセージを伝えるだけでなく、コメントや評価を通じてユーザーとコミュニケーションを取ることができるプラットフォームです。自分の動画に対する評価やコメントを受け取ることで、自分の動画をユーザーがどう見ているのかを知ることができ、ユーザーのニーズや興味も発見することができます。そのため、動画を通じてユーザーとコミュニケーションを取ることが大切です。本章では、コミュニケーションプラットフォームとしてのYouTubeの特徴について説明します。

1 YouTubeの コミュニケーション機能

- 動画やチャンネルを通じたユーザーとのコミュニケーションの場でもある
- ユーザーがコメントしやすいように動画内で工夫をする必要がある
- 動画内でユーザーが抱える疑問の投稿を促すなどさまざまな手法がある

▶ 動画を通じてユーザーとコミュニケーションが取れる

　YouTubeでは動画やチャンネルを通じてユーザーとコミュニケーションを取ることができます。ユーザーは「高評価」や「低評価」のボタンをクリックすることで動画に対する印象を意思表示したり、動画やチャンネル運用者に対してコメントを書くことができます。動画に対する評価やコメントには、その動画のチャンネル運用者が返答できる仕組みとなっています。

　一方、チャンネルでもユーザーとチャンネル運用者がコミュニケーションを取ることができます。チャンネル登録者が1000人以下の場合は、**フリートーク**と呼ばれる文字によるコミュニケーションを行うことができます。チャンネルに対してユーザーがコメントを投稿し、チャンネル運用者が返答することで、チャンネル運用者とユーザーがコミュニケーションを取ることができる仕組みです。チャンネル登録者が1000人を超えた場合は、**コミュニティ**となり、文字だけでなく画像や動画を投稿したり、アンケートなどを行うことができます。コミュニティの場合は、チャンネル運用者が発信者となり、ユーザーが返答することでコミュニケーションを取ることができます。

▶ さまざまなコメントの活用方法

　コメントは基本的に、ユーザーが動画に対する感想や意見を投稿するものです。コメント機能はユーザーが文章を投稿するというシンプルなものですが、YouTubeをユーザーとのコミュニケーションの場として考えた場合、チャンネル運用者はコメントの機能を意識して活用することが大切です。動画というメディア自体は一方的なコミュニケーションであるため、ユーザーがコメントをしやすくしたり、コメントしたいと思ってもらえるよう、自分の動画に対して工夫をする必要があります。

　たとえば、自分の動画が主に専門知識を発信している場合、ユーザーが抱えている疑問や悩みをコメント欄に投稿するように促すことが、コメントを獲得する一つの手

法です。また、海外のYouTubeクリエイターの中には、「コメントが100件を超えた場合に、これまで話をしなかったテーマの動画を公開する」という方法を使う人もいます。これはTwitterなどのSNSでも度々使用される、「リツイート10,000件超えるとユーザーに景品をプレゼントする」などのキャンペーンと類似した手法です。

動画を通じたユーザーと運用者のコミュニケーション

ユーザーから動画に投稿されたコメントをチャンネル運用者が確認して、返信することができる。そのチャンネル運用者が返信したコメントを他のユーザーも見ることができる。

ユーザーのコメントに対して、他のユーザーがコメントをすることもできる。1本の動画について誰もが相互にコミュニケーションを取ることができる。

- YouTubeはチャンネル運用者とユーザーとのコミュニケーションを重要視している
- コメントはユーザー同士で行われる場合もある
- 視聴中のユーザーが投稿されたコメントを読んだり、コメントを活用することがある

▶ アルゴリズムは動画に対するユーザーのアクションを見ている

これまでクリック率や視聴者維持率など、ユーザーからの潜在的なフィードバックを中心に説明をしてきました。アルゴリズムは明確なフィードバックも含めて、動画を誰に表示すべきかを判断しています。明確なフィードバックとは、「高評価」「低評価」やコメント、SNSへの共有などです。これらのうち、評価やSNSへの共有についてはチャンネル運用者が行動を起こすことはできませんが、コメントについてはチャンネル運用者がユーザーからのコメントに返答したり、コメントに対して評価ボタンを押すことが可能です。

YouTubeはプラットフォームをコミュニティとして考えており、チャンネル運用者とユーザーとのコミュニケーションを重要視しています。動画に対するコメントは、YouTube内でユーザーとチャンネル運用者がコミュニケーションを取ることのできる唯一の方法です。そのため、自分の動画に対してコメントの認証方法を設定するときに、ユーザーからのコメントをすべて禁止するのではなく、承認制であってもユーザーがコメントができる状態にしておくことが望ましいです。

▶ アルゴリズム最適化の点でもコメントは重要

YouTubeのコメント機能は、投稿されたコメントを閲覧した別のユーザーが、さらにコメントを返したり、評価ボタンを押したりなど、動画を通じたユーザー同士のコミュニケーションを促進することにも繋がります。こうしたユーザー同士のコミュニケーションによってコメント数が増加し、その数が多ければ他のユーザーもコメントを投稿しやすくなります。ユーザーのアクション数が多い動画は、アルゴリズムが評価する要因にもなります。

また、コメントの多い動画では、現在その動画を視聴しているユーザーが、他のユーザーが投稿したコメントを読むこともあります。コメントにはタイムコードを記載す

ることができるため、それをクリックして該当シーンを視聴することもできます。コメントを閲覧している時間は、動画を視聴している時間となるため、視聴者維持率を増加させる要因ともなります。このようにコメントは、アルゴリズム最適化の観点からも重要な役割を果たします。

アルゴリズムは動画のコメントも評価する

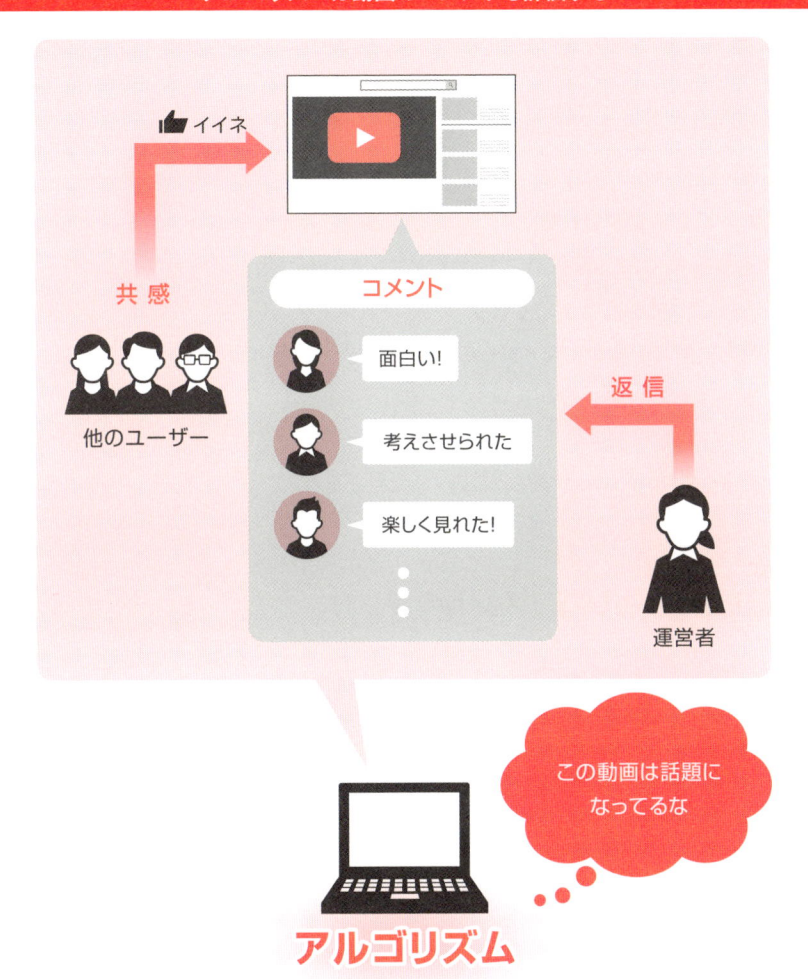

コメントや評価が多い動画は、ユーザーからのアクションが多い動画であるとアルゴリズムは判断する。
評価が良く、コメントの多い動画はアルゴリズムから高い評価を得られやすく、おすすめとして表示されやすくなる。

3 コメントを促す方法

- コメントはユーザーに対してテーマを与えることで促すことができる
- ユーザーの抱える疑問や相談など質問形式でコメントを求める方法がある
- 取り扱って欲しいテーマなどを問いかけることでコメントを促すことができる

▶ 質問を中心としたコメントの促し方

　ユーザーにコメントを投稿してもらうために、チャンネル運用者は動画内でさまざまな工夫を行う必要があります。一般的な方法は、動画の中でコメント欄に動画の感想や意見を投稿するよう求める方法です。しかし単にコメントを求めただけでは、ユーザーはなかなか投稿してくれません。コメントを求めるときは、コメントのテーマや課題を明確にすると、ユーザーがコメントがしやすくなります。

　よく行われる手法は、動画のテーマへの疑問や相談などを質問形式で求める方法です。ユーザーに質問を求めることで、それらの質問にコメントを通じて返答することができます。また、集まった質問からいくつかを選択し、質問に答える動画を制作することで、動画を通じてユーザーとコミュニケーションを取ることもできます。

▶ 課題を中心としたコメントの促し方

　チャンネル運用者が専門的な知識を持っており、ユーザーにその知識の一部を伝える動画を公開している場合、ユーザーに課題を与えることでコメントを促す方法もあります。たとえば、SEOに関する動画の中で、「SEOとコメントしてください」とユーザーにコメントを促した上で、「コメント数が1,000件を超えたら、別のSEOの手法の動画を作ります」と動画の中で発言する、といったような例です。特定のキーワードを収集することが目的と考えられますが、**コミュニティガイドライン**に違反する可能性があります。

　課題という意味では、ユーザーから課題をもらうという方法もあります。知識だけでなく、実験や検証などをテーマとする動画や、どこかへ行くといった行動を伴った動画を扱う場合に取られる手法です。取り扱って欲しいテーマや、行って欲しいことをコメントとして投稿するよう促すことで、ユーザーはコメントを投稿しやすくなりますし、ユーザーのニーズを把握することもできます。

具体的なコメントの促し方の例

課題がない	課題がある

何についてコメントをすればいいかをユーザーが分かればコメントしやすくなる。疑問や質問などのようにコメントの内容を限定することで、ユーザーはコメントを考えやすくなる。

4 コメントの管理

- チャンネル運用者はコメントの管理方法を選択することができる
- コメントの禁止と許可はメリットとデメリットがある
- チャンネルの運用体制や状況に応じたコメント管理が重要

▶ コメントの禁止と許可

チャンネル運用者は公開している自分の動画に対して、コメントの管理を設定することができます。コメントを全く表示させたくない場合は、「コメントを許可しない」という設定が可能です。この場合、コメント欄は表示されません。企業自体のプロモーションなど動画として取り扱うテーマが広い場合に、このような設定がされるケースがあります。

一方、「すべてのコメントを許可する」という設定も可能です。この場合、コメント欄が表示され、ユーザーは自由にコメントを投稿することができます。この設定は、コメントの投稿数を増加させることができるメリットはありますが、もし企業にとって不適切なコメントが投稿されても、YouTubeのコミュニティガイドラインに違反しない限り表示されてしまいます。投稿されたコメントは、YouTube Studio上で削除などの操作はできますが、投稿したユーザーが自分のコメントがコメント欄から消えていることを確認できるため、コメントを削除する場合は十分な注意が必要です。

▶ コメントを確認した上で公開する

コメントをすべて禁止する、すべて許可するという設定のほかに、コメントの表示をアルゴリズムに任せる設定と、チャンネル運用者が管理する設定の2種類があります。「不適切な可能性があるコメントを保留して確認」を設定した場合は、アルゴリズムが自動で投稿されたコメントの内容を確認し、不適切な可能性があると判断した場合には保留となって、コメントは公開されません。保留となったコメントは、チャンネル運用者が処理を行います。動画へのコメントが多い場合や、定期的なコメントの管理が困難な場合などで、この設定をすることがあります。

すべてのコメントをチャンネル運用者が確認した上で公開したい場合は、「すべてのコメントを保留して確認」という設定をします。ユーザーから投稿されたコメント

はすぐに表示されず、YouTube Studio内で保留状態となり、チャンネル運用者が許可した場合のみ公開されます。この設定は、任意のコメントのみを公開できますが、コメントの数が多いと管理に時間がかかります。公開した動画に対してコメント数が少ない場合などで、この設定をすることがあります。

コメントの管理画面

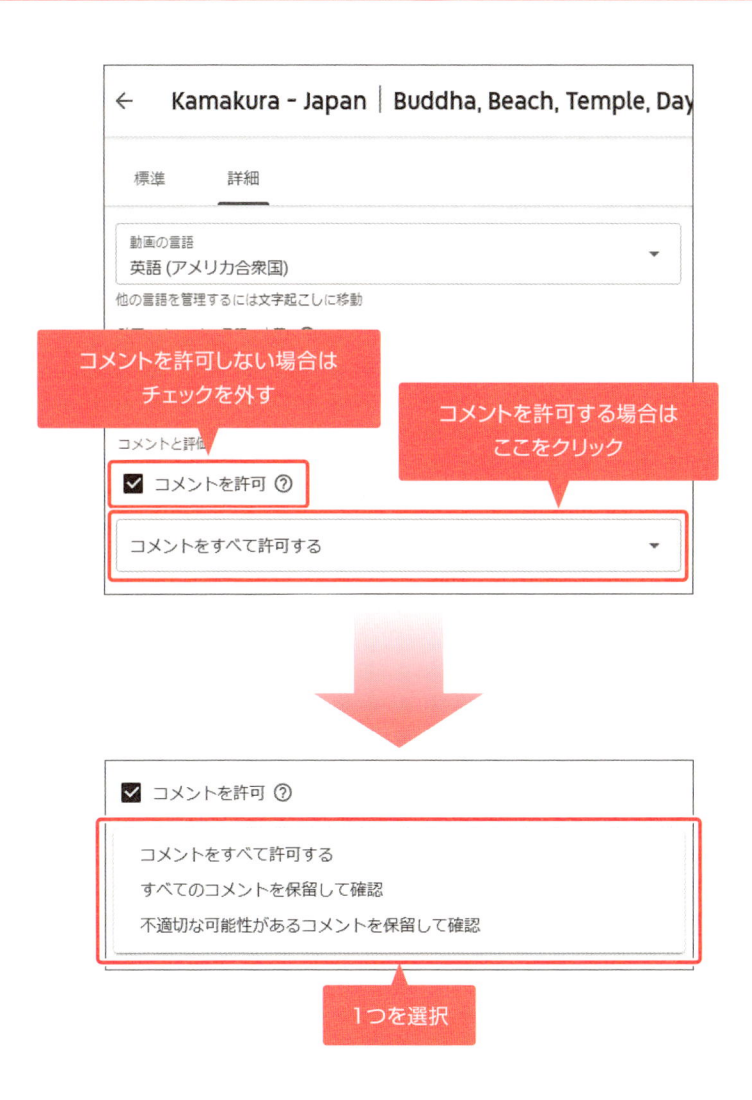

- SNSを活用することでYouTubeだけでは獲得できなかったユーザーにリーチできる
- 企業の公式アカウントで投稿することで、より多くのユーザーの目に触れる機会を得られる
- SNSに動画を投稿することで、過去に投稿した動画が視聴される可能性がある

▶ SNSとYouTube

　現在、事業規模に関係なくほとんどの企業がSNSを活用しています。Facebook、Twitter、Instagramを中心に、さまざまなSNSで企業公式アカウントが作成され、運用されています。その中でも情報拡散力の強いプラットフォームがTwitterです。ユーザーが「いいね」や「リツイート」を行うと、そのツイートが他のユーザーのタイムライン上に表示されることが要因の一つです。多くのユーザーから「いいね」や「リツイート」がされると、1つのツイートが多くの他のユーザーに表示されて、大きな話題になることも多々あります。

　Twitterには他にも、**ハッシュタグ**という情報を収集するための機能があります。好みによってはハッシュタグを利用しないユーザーもいますが、ハッシュタグを多く利用するユーザーもいます。Twitterのこうした機能を活用し、YouTube上で公開した動画をTwitterに投稿することで、YouTubeだけではリーチできなかったユーザー層にリーチすることが可能となります。

▶ 動画公開直後の視聴回数増加のために

　公開直後の動画は、一般ユーザーによる視聴回数がない状態です。視聴回数増加のためには、YouTube内におけるアルゴリズム最適化は必要ですが、同時にTwitterなど企業の公式SNSアカウントにYouTubeで公開した自分の動画を投稿する必要もあります。短期間でより多くの視聴回数を獲得するためには、より多くのユーザーの目に触れる機会を得る必要があります。

　YouTubeも少し利用しているが、主にTwitterなどのSNSを利用するというユーザーは多く存在します。企業のTwitterアカウントはフォローしているが、YouTubeの公式チャンネルはチャンネル登録をしていないユーザーも存在します。そうしたユーザーに向けて動画をプロモーションをするためには、YouTube上での施策だけ

でなく、そうしたSNSに投稿することでYouTubeチャンネルの存在を認知してもらう必要があります。SNSをきっかけとして自分のYouTubeチャンネルページへ誘導し、チャンネルページ内の動画を視聴してもらうことで、チャンネル登録を促すことも考えられます。

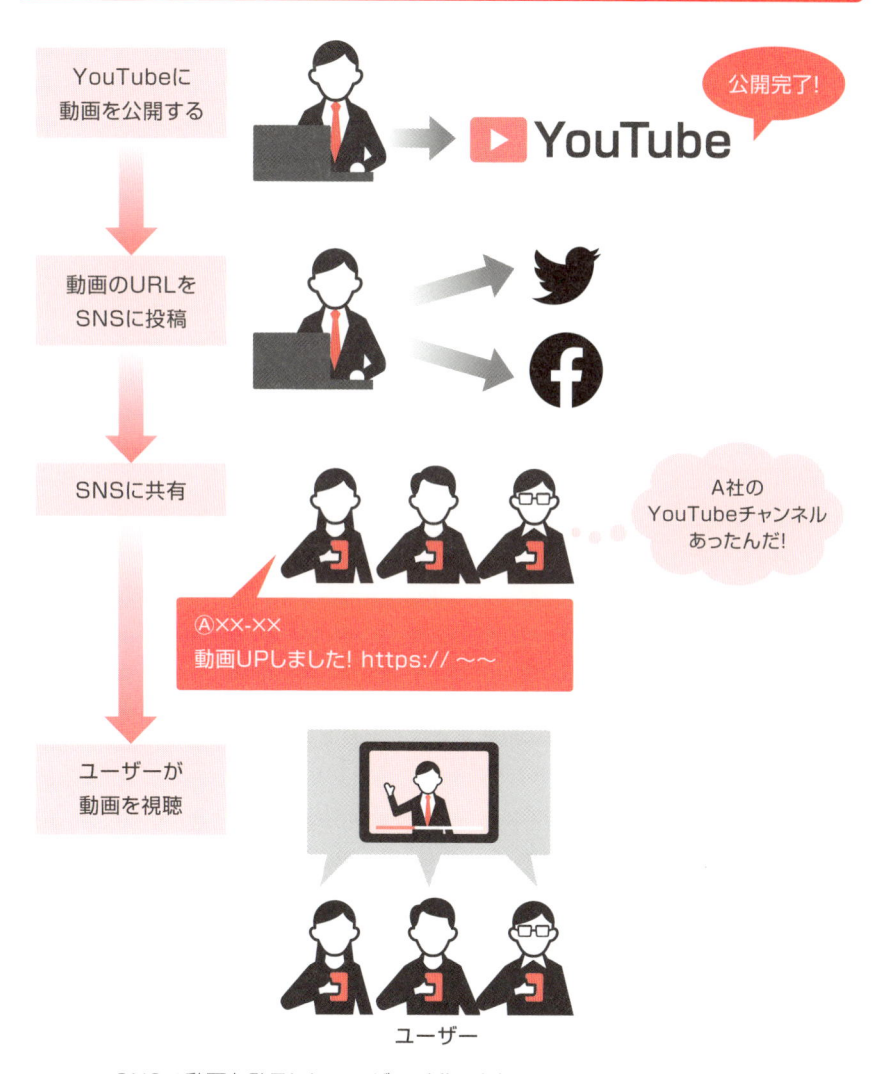

SNSに共有することでチャンネルの認知へと繋がる

SNSで動画を発見したユーザーが動画を視聴することでユーザーへの
接触機会を増加させる。

6 動画を一緒に視聴する行為

- ● ユーザーが動画を視聴する状況は1人とは限らない
- ● 他者の影響により動画を視聴する場合がある
- ● 1つの動画に対して能動的に視聴するユーザーと受動的に視聴するユーザーが存在する

▶ 動画は1人ではなく、一緒に見られる

　YouTubeを利用するシーンというと、自宅でリラックスしているときや、あるテーマについて勉強するときなど、1人で視聴しているイメージを持つ方が多いかもしれません。しかし、YouTubeで動画を視聴するときは、必ずしも1人というわけではありません。友人との会話で視聴した動画を思い出して、その場で友人に見せたりすることもあります。また、動画を他の人に見せることが習慣となっている人もいます。

　たとえば、パーティーなど複数の人がいる場所で音楽の動画を再生するときは、自分の好みの音楽だけを再生するということはあまりありません。その場の雰囲気や集まった人の特徴、集まった目的などを考えた上で、違和感を覚えないような選曲をすることが一般的です。YouTubeの動画を再生しているユーザーは一人であったとしても、そのユーザーの嗜好ではなく、環境に合わせて動画を再生する場合があります。

▶ 動画を一緒に視聴することが起きる状況とは

　他の人と一緒に動画を視聴する状況についてYouTubeが調査したところ、1つとして他者の影響により動画を一緒に視聴することがあるとしています。たとえば、友人との待ち合わせ場所に、予定よりも早く到着したとします。あなたは友人の到着を待つ間、何となくYouTubeの動画を視聴していて、面白い動画を発見しました。友人が到着した後、その動画を友人に見せたとします。このとき、あなたは能動的に動画を視聴していますが、友人はあなたからすすめられて受動的に動画を視聴していることになります。

　このような状況は、家庭でも起きることがあります。YouTubeは同じ調査の中で、家庭を持つ女性と娘の間で動画を共有することが習慣化されている例を上げています。母親に自分が面白いと思った動画を送ることが習慣となっている娘は、母親が仕事中に動画を送信します。母親の帰宅後に動画を見たかどうかを聞く娘に対して、母

親が「まだ見ていない」というと、娘は「動画を見せてあげる」といって一緒に動画を視聴することになるという例です。このように、動画を見ているユーザーは必ずしも1人ではなく、場合によっては視聴したユーザーの先に複数のユーザーがいることもあるということです。

他者との利用によってユーザーの動画選定や視聴経路が変化する

集団の場合

YouTubeで
音楽動画を探す人

一緒に動画を視聴する場合

待ち時間に
YouTubeを見る人

ユーザーの状況によってどの動画を選択するか、または動画をどのように視聴するかは異なる。
上の例では大勢の人に合わせて1人のユーザーが動画を選択する。
下の例では1人のユーザーが面白いと感じた動画を他者に直接見せている。データとしての視聴ユーザーは1人だが、実際は2人である。

7 他者と共有するための動画を探す

- アルゴリズムが表示する動画を他者へは共有しづらい
- 他者と動画を視聴する時、ユーザーは動画を検索する傾向にある
- 同時視聴人数や視聴端末の数など視聴状況によって動画を見る方法が変わる

▶ アルゴリズムが進める動画は共有されづらい

「あなたへのおすすめ」は、アルゴリズムがユーザーの過去の視聴傾向を分析した上で、トップページに表示される動画で、ユーザーに最適化されたものです。同様に、動画を視聴しているときに表示される関連動画も、特定のユーザーに最適化された動画です。YouTubeが他者との同時視聴について調査した内容によると、他者と同時に視聴するとき、ユーザーはトップページや関連動画などアルゴリズムによっておすすめされた動画ではなく、新たに動画を検索する傾向にあるとしています。

人それぞれ趣味趣向が違うように、動画もユーザーによって視聴する傾向が異なります。そのため、他者と一緒に動画を視聴しようと思ったときは、両者が興味を持てるテーマの動画を視聴する傾向にあります。お互いの興味と一致する動画を視聴するために、ユーザーは1人で視聴するとき以上に、検索に時間をかけるのです。

▶ 同時に視聴する人数や端末の数で視聴環境が変わる

ユーザーの環境によって、動画を視聴する端末は変化します。たとえば、複数人がいる集まりで、あなたがスマートフォンで1人で動画を視聴していたところ、他の人が集まってきて一緒に動画を見たいという状況になったとします。このときスマートフォンでは画面が小さすぎるため、画面の大きなテレビに切り替えました。数人なら小さな端末でも視聴できますが、大人数では大きな端末でなければ視聴は困難です。

視聴端末が1つしかない場合は、検索できる端末も1つです。このような場合、ユーザーは一緒に視聴する人と会話をしながら検索キーワードを決める傾向にあります。もちろん、ユーザーと一緒に視聴する人とは、互いに検索キーワードの認識は異なるでしょう。そこで、他者と動画を一緒に視聴するときは、検索キーワードやお互いの興味と合致する動画を探すために、1人のときと比べてより検索に時間をかけるとYouTubeは報告しています。

●2人で視聴する動画を探す男女

男性のトップページ

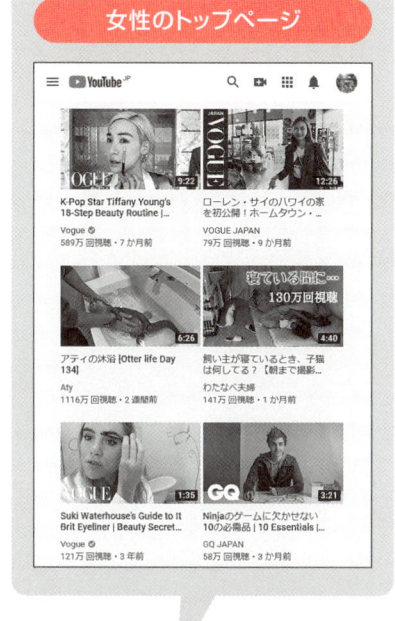

女性のトップページ

いつも見てる
動画ばかり…
検索しよう

どんな動画が
良いかな

私の好みの
動画しか出ない…
検索してみよう

トップページに表示される動画は各ユーザーに最適化された動画のため、他者と一緒に動画を視聴する状況には適切とは言い難い。
ユーザーは2人が楽しめる動画をYouTube検索で探す傾向にある。

10

コミュニケーションツールとしてのYouTube

8 動画という コミュニケーションツール

- コメントはチャンネル運用者やユーザーがコミュニケーションを取る場である
- YouTubeをコミュニケーションツールとして捉える必要がある
- SNSを横断して情報発信することで、リーチできるユーザーの幅が広がる

▶ コメントを通じたコミュニケーション

映画を鑑賞した後に他者と感想を話し合うように、YouTubeでは動画に対してユーザーが評価やコメントをすることができます。ユーザーがどのように感じたのかを公開するのがコメントであり、チャンネル運用者がコメントに応答することで、互いにコミュニケーションを取ることができます。また、ユーザー同士でコメントを通して会話をして、感想や意見を交わすこともできます。

チャンネル運用者は動画内でコメントを求めるなどの工夫をすることで、動画を通じたユーザーとのコミュニケーションを活発化することができます。動画共有プラットフォームという見方ではなく、コミュニケーションツールとしてYouTubeを見たときに、ユーザーにどのような情報を伝えるかだけでなく、ユーザーとどのようなコミュニケーションを取るかについても検討する必要があります。

▶ SNSを横断するプロモーション

SNSはそれぞれシステムとしての特徴があり、各SNSでユーザーの使い方もさまざまです。Twitterは複数のアカウントを切り替えることで、アカウント単位で他者との繋がり方や利用する目的を変更することができます。Facebookは現実社会との人間関係を基本として繋がっています。ユーザーはこれらのサービスを用途別に使い分けています。

YouTubeは動画を通じてコミュニケーションを行い、TwitterやInstagramなどは主に文字や画像を通じてコミュニケーションを行いますが、互いに情報を受発信するという意味では違いはありません。YouTubeで公開している動画を視聴したいと思うユーザーが、SNSに存在する可能性は十分に考えられます。SNSを通じてユーザーとコミュニケーションを取るとき、それぞれのSNSでテーマを使い分ける必要はありますが、それぞれを独立させて運用する必要はありません。プラットフォームを横断

して情報を発信することで、これまでリーチできなかったユーザーに情報を届けられる可能性が広がります。

SNSを横断した運用によりユーザーへのリーチの幅をさらに広げる

●SNSを独立して運用

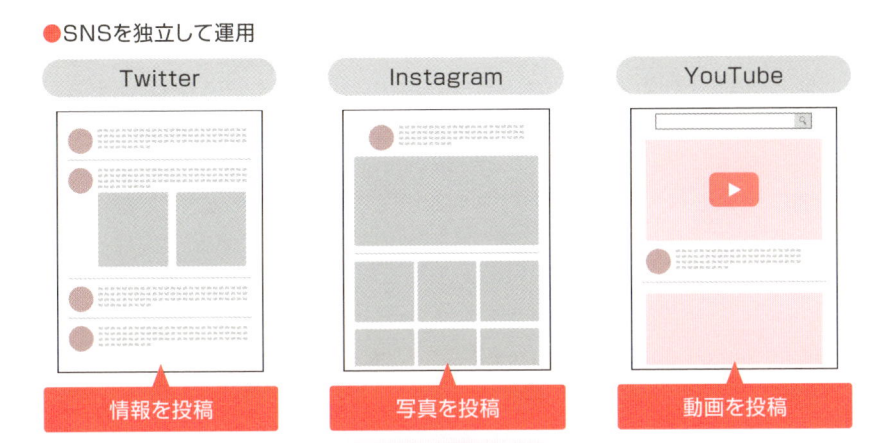

独立したSNSの運用では各プラットフォーム単位での
ユーザーへのアプローチしかできない。

●SNSを横断して運用

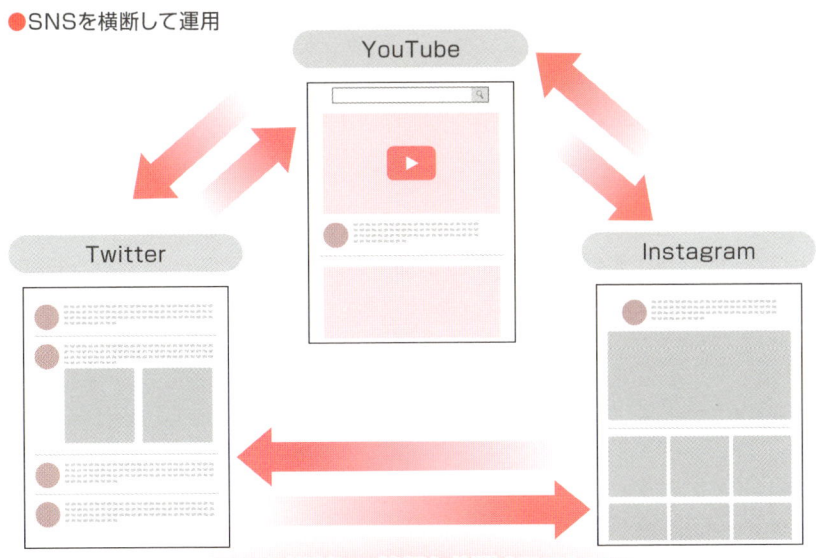

SNSを横断して情報を公開することで、
より多くのユーザーにアプローチできる。

Column 類似動画のコメントが動画企画時の参考になる

　ユーザーは動画に対してさまざまなコメントを投稿しますが、専門家による特定テーマの知識に関する動画の場合には、感想や意見のほかに相談や質問なども多く見られます。ユーザー自身の状況について質問形式で投稿されているコメントも数多くあります。

　チャンネル内で公開している動画について、ユーザーがどのようなコメントを投稿しているかを確認することは重要ですが、同時に類似するチャンネルや動画でどのようなコメントが投稿されているかを知ることも重要です。類似の動画に投稿されている相談や質問の傾向を把握して、それらに回答するような動画を制作するなど、コメントは動画の企画時に参考になるからです。

　他チャンネルの動画を参考にするときは、テーマが同じであることに注意します。テーマが異なっていたり、さまざまなテーマを扱うチャンネルの場合は、動画の出演者に興味をもってチャンネル登録やコメントを行っているケースも多くあります。こうした場合は参考程度にして、よりテーマの近いチャンネルを調査します。

　類似するテーマを扱うチャンネルを複数調査し、どのような動画にコメントが多く投稿されているか、視聴回数が多いかなどを把握します。その上で、同じテーマでも類似チャンネルとは異なる方法でアプローチすることで、ターゲットユーザーを惹きつけることが可能です。

　とくに企業の場合は、エンタテインメントよりも知識に分類される動画の方が親和性が高いため、どのような相談や質問が投稿されているのかを調査した上で動画を制作した方が、白紙の状態から制作するよりも、ユーザーに伝える情報や視聴目的を明確にしやすくなります。

　また、コメントの多い動画は、ユーザーに投稿を促す方法が上手いのかもしれません。他チャンネルの動画を調査することで、視聴回数や獲得できるコメントの数の予測が立てられれば、どの動画を優先的に制作すべきかの判断基準にもなります。

　そのほかにも、ユーザーが投稿したコメントに対して、「いいね」やコメントが付く場合があります。そのコメントに対して、動画を視聴した他のユーザーが共感した場合に多く付く傾向があります。類似動画に投稿されているコメントの中で、評価を受けているコメントの傾向を調査することも、動画制作時のヒントになるかもしれません。

　コメントはユーザーから能動的に発信されるものですので、視聴状況の調査時や動画の企画時にも参考になります。

【参考】

- Debbie Weinstein, 2019, A new way to think about online video's role in the purchase funnel: Google
- Derek Blasberg, 2019, When brands become creators: How beauty brands can use YouTube to look their best: Google
- Emily S., R. d. Oliveira & J. Lewandowski, 2017, Challenges on the Journey to Co-Watching YouTube: CSCW 2017
- 橋元 良明, 2018, 『「情報通信メディア利用時間調査」の5年間データに見るテレビとネットの時間的侵蝕関係 —若年層の分析を中心に』: 総務省
- Joan E. Solsman, 2018, YouTube's AI is the puppet master over most of what you watch: CNET
- Kelly McKesten, Stephanie Thomson, 2018, Customer expectations are changing. Here are 3 ways brands can keep up: Google
- Kevin Roose, 2019, YouTube's Product Chief on Online Radicalization and Algorithmic Rabbit Holes: The New York Times
- Navneet Kaushal, Travelers Consuming More than Ever Travel Videos Content on YouTube: A Good Sign for Travel Businesses: PageTraffic Inc
- Neal Mohan, 2018, YouTube's chief product officer on the future of TV entertainment: Google
- Omnicore, 2019, YouTube by the Numbers: Stats, Demographics & Fun Facts: Omnicore Group
- Paul C., J. Adams & E. Sargin, 2016, Deep Neural Networks for YouTube Recommendations: Recommender Systems 2016
- Rodrigo, d. O., C. Pentoney & M. Pritchard-Berman, 2018, YouTube Needs: Understanding User's Motivations to Watch Videos on Mobile Devices: MobileHCI 2018
- Sadie Thoma, 2019, Make it personal: 5 rules of engagement for video ads that work: Google
- 総務省, 2016, 『平成28年度版 情報通信白書』
- Think with Google, 2016, Myth: YouTube is only for watching viral videos: Google
- Think with Google, 2018, Consumer Insights: Google
- Think with Google, 2019, The way people are watching video in the living room is changing. Here's how: Google
- Think with Google, How online video empowers people to take action: Google

【著者紹介】

木村 健人（きむら けんと）

株式会社動画屋 代表取締役

1988年生、広島県福山市出身。サンフランシスコ州立大学芸術学部卒。在米中にSNS上で行われる電子コミュニケーションについて研究。ゲーム制作会社及びIT関連会社を経て、動画SEOの黎明期、2016年よりYouTube動画SEOサービスを開始。メーカーを中心に企業公式YouTubeチャンネルを手掛け、視聴回数を大幅に改善させる。現在、大手企業や代理店から多数の依頼を受けている。

●注意
(1) 本書は著者が独自に調査した結果を出版したものです。
(2) 本書は内容について万全を期して作成いたしましたが、万一、ご不審な点や誤り、記載漏れなどお気付きの点がありましたら、出版元まで書面にてご連絡ください。
(3) 本書の内容に関して運用した結果の影響については、上記(2) 項にかかわらず責任を負いかねます。あらかじめご了承ください。
(4) 本書の全部または一部について、出版元から文書による承諾を得ずに複製することは禁じられています。
(5) 商標
本書に記載されている会社名、商品名などは一般に各社の商標または登録商標です。

広報PR・マーケッターのための YouTube動画SEO最強の教科書

| 発行日 | 2019年12月20日 | 第1版第1刷 |
| | 2021年 9月15日 | 第1版第5刷 |

著 者　木村 健人

発行者　斉藤 和邦
発行所　株式会社 秀和システム
〒135-0016
東京都江東区東陽2-4-2　新宮ビル2F
Tel 03-6264-3105（販売）Fax 03-6264-3094
印刷所　三松堂印刷株式会社　　　Printed in Japan

ISBN978-4-7980-5866-5 C3055

定価はカバーに表示してあります。
乱丁本・落丁本はお取りかえいたします。
本書に関するご質問については、ご質問の内容と住所、氏名、電話番号を明記のうえ、当社編集部宛FAXまたは書面にてお送りください。お電話によるご質問は受け付けておりませんのであらかじめご了承ください。